东莞林下经济植物图鉴

严朝东 李果惠 陈红锋 主 编

中国·武汉

图书在版编目（CIP）数据

东莞林下经济植物图鉴 / 严朝东, 李果惠, 陈红锋主编. – 武汉 : 华中科技大学出版社, 2024.1

ISBN 978-7-5772-0323-2

Ⅰ. ①东… Ⅱ. ①严… ②李… ③陈… Ⅲ. ①经济林—间作—经济植物—东莞—图集
Ⅳ. ①S56-64②S344.2-64

中国国家版本馆CIP数据核字(2023)第236091号

东莞林下经济植物图鉴　　严朝东 李果惠 陈红锋 主 编
DONGGUAN LINXIA JINGJI ZHIWU TUJIAN

出版发行：华中科技大学出版社（中国·武汉）　　电话：（027）81321913
武汉市东湖新技术开发区华工科技园　　邮编：430223
出 版 人：阮海洪

策划编辑：段园园　　责任监印：朱 玢
责任编辑：段园园　　版式设计：段自强

印　刷：广州清粤彩印有限公司
开　本：889 mm × 1194 mm　1/16
印　张：20
字　数：192千字
版　次：2024年1月 第1版 第1次印刷
定　价：298.00元

投稿热线：13710226636（微信同号）
本书若有印装质量问题，请向出版社营销中心调换
全国免费服务热线：400-6679-118 竭诚为您服务

东莞林下经济植物图鉴

中国科学院华南植物园
东莞市林业局
东莞市林业科学研究所
广东省樟木头林场
东莞市大岭山森林公园
东莞市银瓶山森林公园
东莞市大屏嶂森林公园
中山大学第六附属医院

编委会

主　　任：黄德洪

副 主 任：赵玮辛　江日年　苏景旺　魏元春　徐正球

主　　编：严朝东　李果惠　陈红锋

副 主 编：刘颂颂　陈跃洲　潘丽婵　骆金初　纪业明　方晓峰

编　　委：严朝东　李果惠　陈红锋　刘颂颂　陈跃洲　潘丽婵　骆金初
纪业明　付　琳　张尚坤　蔡学东　温汉华　陈　进　郭业先
戴国辉　陈振业　刘迪烨　黄红星　黄小清　李洁红　李子雍
袁庆波　范忠才　任　央　孔爱冬　温志祥　刘海林　莫罗坚
沈德才　陈淦明　陈灼康　胡　科　黄世辉　黄石明　林若宜
崔煜文　邓双文　段　磊　李亚丽　何向阳　叶耀雄　易绮斐
王发国　郑潮明　曾　凤　邹丽婷　李如良　刘兴烈

摄　　影：骆金初　徐晔春　曾球根　邓双文　陈红锋

前　言

东莞市位于广东省中南部，地处东经 113° 31'~114° 15'，北纬 22° 39'~23° 09'。东西长约 70.45 km，南北宽约 46.8 km，全市陆地面积 2465 km^2。东莞市地形复杂，气候条件优越，孕育了丰富的植物资源，共有野生维管植物 1630 种（含种下单位），许多植物资源尚未得到有效开发利用。全市林地面积 67,153.2 hm^2，其中有林地 62,299.1 hm^2，森林覆盖率达 36.2%，林下经济发展空间大。

林下经济是以林地资源、林下空间和森林生态环境为依托，以林下种植、养殖、采集、初级加工、森林景观利用为主要形式，开发利用林地资源和林荫空间的复合生产经营活动。林下经济是在中国林业发展战略实现根本转变和集体林权制度改革取得重大进展的特定历史条件下出现的新生事物，是顺应新时期中国林业经济社会发展规律的必然产物。发展林下经济已经成为增加林地产出、提高林业效益、解决“三农”问题和助力乡村振兴的重要渠道。2012 年国务院办公厅下发《关于加快林下经济发展的意见》，明确指出“在保护生态环境的前提下，以市场为导向，科学合理利用森林资源”。

为合理利用林下空间，发掘适合东莞市林地种植的经济植物，东莞市林业科学研究所联合中国科学院华南植物园对东莞市域范围内的林下植物资源进行了系统调查。东莞市林业科学研究所经过近 3 年的野外调查，走访林下经济相关的企事业单位和林农，详细了解东莞市林下经济产业发展信息，结合室内标本和资料信息，整理出东莞市林下经济植物名录，收集种类共计 148 科 451 属 735 种，包括蕨类植物 24 科 32 属 46 种，裸子植物 1 科 1 属 2 种，被子植物 124 科 419 属 687 种，双子叶植物 105 科 344 属 563 种，单子叶植物 19 科 75 属 124 种。本书蕨类植物采用秦仁昌 1978 年系统，裸子植物采用郑万钧 1975 年系统，被子植物采用哈钦松 1934 年系统，科的排序参照上述分类系统，科内属、种按拉丁字母顺序排列（部分属、种的概念参考最新分子系统学研究成果）。

通过科 / 属、生活型以及应用价值类别及保护 / 特有植物统计得知，东莞市林下经济植物具有如下特征。（1）林下经济植物资源丰富，占野生维管束植物的 45.09%，主要为双子叶植物和蕨类植物。（2）菊科（Asteraceae）、蝶形花科（Papilionaceae）以及兰科（Orchidaceae）为优势科。薯蓣属（*Dioscorea*）、忍冬属（*Lonicera*）以及悬钩子属（*Rubus*）为优势属。（3）草本及灌木生活型植物种类占比最大。（4）药用植物种类最多（614 种），观赏植物资源（172 种）和可食用植物资源（83 种）次之；（5）金毛狗（*Cibotium barometz*）、桫椤（*Alsophila spinulosa*）、苏铁蕨（*Brainea insignis*）等 5 种植物属于国家二级重点保护野生植物，通城虎（*Aristolochia fordiana*）、香港凤仙花（*Impatiens hongkongensis*）、乌饭叶柿（*Diospyros vaccinioides*）等 7 种属中国特有种。

代表性的药用植物种类有威灵仙（*Clematis chinensis*）、何首乌（*Fallopia multiflora*）、葫芦茶（*Tadehagi triquetrum*）、米碎花（*Eurya chinensis*）、绞股蓝（*Gynostemma pentaphyllum*）以及毛冬青（*Ilex pubescens*）等。其中东莞常见分布的凉茶植物米碎花，民间俗称“大岗茶”，具有清热除湿，解毒敛疮之功效。最新研究表明，米碎花的叶子对冠状病毒有强烈的抑制作用。绞股蓝被誉为“南方人参”，其茎叶可清热解毒、健脾益气、止咳祛痰，具有防治高脂血症、防治心血管病等功效。以上 6 种代表性药用植物可作为东莞开展林下经济中林药模式的备选植物。

可食用植物中，代表性种类有鱼腥草（*Houttuynia cordata*）、黑老虎（*Kadsura coccinea*）、桃金娘（*Rhodomyrtus tomentosa*）以及葛（*Pueraria montana* var. *lobata*）等。桃金娘果实所含营养成分齐全，糖和蛋白质含量高，且含有多种矿质元素、维生素以及氨基酸。其果实多糖富含花青素、黄酮以及 β－胡萝卜素，具有明显的抗氧化和抗衰老作用。桃金娘叶中的关键活性成分桃金娘酮对新冠病毒有强烈的抑制作用。因此桃金娘是很有发展潜力的一种林下经济植物资源，应该受到重视且得到合理的开发，以求发挥更大的作用。

观赏植物中，兰科、玄参科（Scrophulariaceae）、蝶形花科以及杜鹃花科（Ericaceae）植物种类较多。兰科植物花型优美、种类丰富，是重要的新优观赏植物资源。此外诸红球姜（*Zingiber zerumbet*）、赪桐（*Clerodendrum japonicum*）、球兰（*Hoya carnosa*）等植物具备优美的株型或艳丽的花色而有着潜在开发价值。

在对东莞市林下经济植物资源名录进一步评价的基础上，筛选出 305 种有市场开发前景的种类编撰成书，图文并茂地介绍其种类、科属、分布、性状、应用价值、保护等级等信息，旨在为后续林下经济植物的保护和开发提供科学数据支撑。

在本书编写与出版的过程中得到了广东省林业局、东莞市林业局、东莞市林业事务中心等单位的大力支持，以及东莞市财政项目“东莞市林下经济种质资源收集与示范”（2021－2023）的资助，在此，向为本书的编辑和出版做出贡献的单位和个人表示衷心的感谢。

本书将为粤港澳大湾区林下经济植物资源开发利用提供基础资料，可供林业技术人员、林农等参考使用。由于水平有限，时间紧迫，疏漏之处在所难免，恳请各位读者、专家和朋友提出宝贵意见。

编　者

2024 年 1 月

目 录

灯笼草（铺地蜈蚣）石松科，灯笼草属

Palhinhaea cernua (L.) A. Franco et Vasc.

草本，高达1 m。主茎地下部分横走，地上部分直立。叶二型；不育枝上的叶钻形；能育叶三角状卵形，先端芒刺状，边缘流苏状，覆瓦状排成囊穗。囊穗单生于小枝顶，椭圆形或卵形，成长时下弯或外折；孢子囊圆肾形，黄色；孢子近圆形。

产于东莞樟木头（观音山）、大岭山镇（莲花山）、谢岗（南面村）。生于山野间、路旁。分布于中国长江以南地区。世界热带及亚热带地区广泛分布。

为酸性土壤指示植物。全草可入药，有舒筋活血、解热的功效。常作为切花的衬托材料。

深绿卷柏 卷柏科，卷柏属

Selaginella doederleinii Hieron.

草本，高约 30 cm。主茎直立或斜升，具沟槽。小枝上不育叶二型，上面深绿色，下面灰绿色，薄纸质。能育叶一型，三角状卵形，龙骨状，具微齿。孢子囊近球形，大孢子囊位于囊穗下部，中部以上为小孢子囊。

东莞各地常见，产于谢岗（银瓶嘴芒头坑）。生于林下路边或沟谷阴湿处。分布于中国长江以南地区。东南亚、日本、印度也有分布。

全草入药，有清热解毒的功效。形态优美，宜林下溪边、石旁种植或作室内盆栽观赏。

卷柏（九死还魂草）卷柏科，卷柏属

Selaginella tamariscina (P. Beauv.) Spring

莲座状草本，高 7~15 cm，干旱时如拳卷状。主茎直立，粗壮。不育叶二型，侧叶长卵形，中叶，卵状披针形。能育叶三角状卵形，呈龙骨状凸起。孢子囊穗生于小枝顶端，四棱形；小孢子囊位于上部，大孢子囊位于下部。

产于东莞谢岗（南面村芒头排、大横坑）。生于山地干旱的岩缝中或石壁积土上。分布于中国各地。远东经东南亚至印度也有分布。

全草入药，生用活血通经，炒用化瘀止血。植株翠绿，株型可爱，宜栽培观赏。

翠云草 卷柏科，卷柏属

Selaginella uncinata (Desv.) Spring

草本，伏地蔓生，长 20~60 cm。主茎横走。小枝上的不育叶二型，鲜时上面翠蓝色，下面淡绿色，侧叶矩圆形或长卵形，中叶卵形。能育叶一型，密生，卵状披针形。孢子囊穗单生于小枝顶端，四棱形；孢子囊圆形。

东莞少见。生于林下阴湿的石灰岩上。分布于中国华南、华东及西南地区。越南也有分布。

全草入药，有清热解毒的功效。为优良的地被植物。

节节草 木贼科，木贼属

Equisetum ramosissimum Desf.

多年生草本，高约 50 cm。根状茎横走，地上茎直立，基部多分枝，向上分枝渐少。叶鞘管状，鞘筒疏松，略呈漏斗状；鞘齿长三角形，常棕褐色，常宿存。孢子囊穗短柄状或椭圆形。

产于东莞长安（莲花山水库）。生于沟边湿地上。分布于中国各地。广泛分布于东半球的温带及亚热带地区。

全草入药，有疏风清热、抗菌、抗炎、解痉、利胆等功效。适宜溪边栽培观赏。

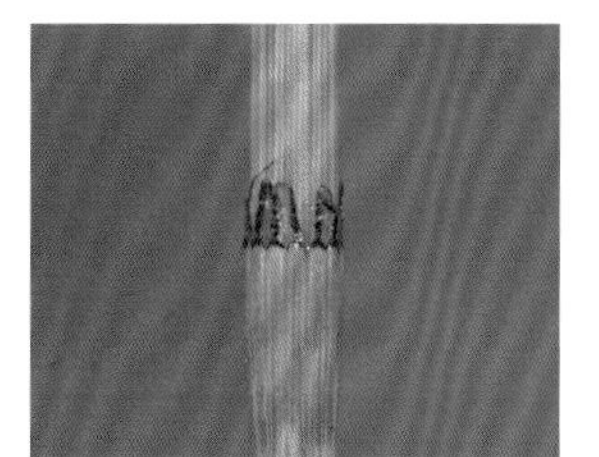

福建观音座莲 莲座蕨科，观音座莲属

Angiopteris fokiensis Hieron.

高大草本，高 1.5 m 以上。根状茎块状，直立，簇生圆柱状粗根。叶柄粗壮，叶轴光滑，腹部具纵沟；叶片奇数羽状，宽卵形，草质；叶脉在下面明显，分叉。孢子囊群近叶缘着生，棕色，长圆形。

东莞偶见。生于林下溪沟边。分布于中国华南地区及福建、湖北、贵州。

块茎提取的淀粉可食用。株形舒展，叶色葱绿，可栽植于庭园供观赏。国家Ⅱ级重点保护野生植物。

海金沙 海金沙科，海金沙属

Lygodium japonicum (Thunb.) Sw.

藤本，攀缘高达1~4 m。叶二型，纸质。不育羽片长尖三角形，连同羽轴稍被短灰毛；能育羽片卵状三角形。孢子囊穗长超过小羽片的中央不育部分，排列稀疏，暗褐色，无毛。

产于东莞清溪林场（杨桥坑）、虎门（威远炮台）、谢岗（南面村、银瓶嘴）。生于林中或林缘。分布于中国华南、华东、西南地区及湖南和陕西南部。日本、菲律宾、印度和大洋洲热带也有分布。

孢子入药，有清热、利水、通淋、排石等功效，主治尿路感染、尿路结石、小便淋沥涩痛、尿血、肾炎水肿。

金毛狗 蚌壳蕨科，金毛狗属

Cibotium barometz (L.) J. Sm.

高大草本。根状茎卧生，棕褐色，基部被垫状金黄色茸毛。叶片广卵状三角形，革质或厚纸质，下面灰白或灰蓝色。羽片长圆形，互生，远离；1 回小羽片，互生，接近；末回裂片线形略呈镰刀形，边缘具浅锯齿。孢子囊群生于下部的小脉顶端。

东莞各地常见。生于山麓沟边或林下阴处。分布于中国华南、华东、西南地区及湖南南部。东南亚及印度也有分布。

根状茎入药，有祛风湿、补肝肾、强腰膝等功效；根状茎长茸毛，外敷可止创伤出血。适宜庭院、盆栽观赏。国家Ⅱ级重点保护野生植物。

刺桫椤（树蕨、蕨树、桫椤） 桫椤科，桫椤属

Alsophila spinulosa (Wall. ex Hook.) R. M. Tryon

乔木状陆生蕨，高 3~8 m，最高可达 20 m 左右，是世界上现存的高大蕨类植物之一。树干圆形，不分枝或偶有分枝。叶顶生，叶柄和叶轴粗壮，深棕色，被有密刺。三回羽状深裂，长圆形，向四周伸展；小羽片多数，互生，线状披针形。孢子囊群生于裂片下面小脉分叉处突起的囊群托上，囊群盖近圆球形。

东莞偶见。生沟谷阴湿处。分布于中国广东、广西、海南、香港、福建、浙江、台湾、贵州、四川、云南等省区。尼泊尔、印度等国也有分布。

髓部药用，有祛风湿、强筋骨、清热止咳的功效，常用来治疗跌打损伤、风湿痹痛、肺热咳嗽等。高大挺拔，树形美观，树冠犹如巨伞，园艺观赏价值极高，为著名的大型珍贵观赏蕨类。国家Ⅱ级重点保护野生植物。

团羽铁线蕨 铁线蕨科，铁线蕨属

Adiantum capillus-junonis Rupr.

草本，高 8~15 cm。根状茎短而直立，被褐色披针形鳞片。叶簇生，叶柄细如铁丝，深栗色。叶片披针形，奇数 1 回羽状，两面无毛；羽片对生或近对生，疏离，具明显的柄，团扇形或近圆形；叶轴先端能着地生根，形成新的植株。

产于东莞大岭山（石洞景区）。群生于阴湿墙脚、石缝中。分布于中国西南地区及广东、香港、广西、台湾、山东、河南、北京、河北、甘肃。日本也有分布。

全草或根茎入药，有清热解毒、利尿、止咳、舒筋活络的功效。适宜庭院栽培、插花和室内盆栽观赏。

铁线蕨 铁线蕨科，铁线蕨属

Adiantum capillus-veneris L.

植株高 10~40 cm。根状茎长而横走，密被淡棕色的披针形鳞片。叶疏生，柄栗黑色，叶片薄草质，无毛，长三角状卵形；羽片互生，有短柄，长卵形；侧生末回小羽片，扇形或菱形；叶脉明显，多回二歧分叉。孢子囊群椭圆形，小羽片横生于能育裂片的上缘。

产于东莞清溪杨桥坑。生于岩壁或墙缝中，为钙质土指示植物。分布于中国黄河以南地区。全球温带及亚热带地区也有分布。

全草入药，有清热除湿的功效。可室内盆栽观赏。

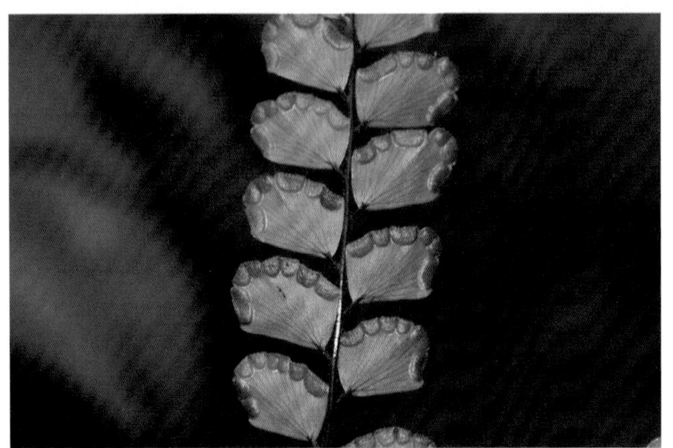

扇叶铁线蕨 铁线蕨科，铁线蕨属

Adiantum flabellulatum L.

草本，高20~45 cm。叶簇生，叶柄紫黑色，具纵沟；叶片扇形，不对称二叉分枝，两面无毛；中央的羽片常较长，线状披针形；小羽片互生，能育的小羽片呈对开式的半圆形，不育的为斜方形；能育部分具浅缺刻，不育部分具细锯齿。

产于东莞清溪林场（三坑）、樟木头（观音山）、谢岗（南面村银瓶嘴）。生于山地、路旁。分布于中国华南、华东、西南地区及湖南。日本、越南、缅甸、印度、斯里兰卡及马来群岛也有分布。

全草入药，有清热解毒、舒筋活络、利尿、化痰、止血及消肿止痛的功效。适宜室内盆栽观赏。

野雉尾金粉蕨 中国蕨科，金粉蕨属

Onychium japonicum (Thunb.) Kunze

草本，高约 60 cm。根状茎长而横走，疏被棕色鳞片。叶散生，干后坚草质或纸质，无毛；叶片几与叶柄等长，卵状三角形或卵状披针形；羽片互生，长圆状披针形或三角状披针形。孢子囊群盖膜质。

产于东莞樟木头（上南水库、观音山）、谢岗（南面村银瓶嘴芒头坑、芒头排）。生于山地、密林。分布于中国华东、华中及西南等地。日本、菲律宾、印度尼西亚及波利尼西亚也有分布。

全草入药，有清热解毒、利湿止血的功效。叶形别致，适于室内盆栽或与大型假山、盆景配植。

井栏凤尾蕨 凤尾蕨科，凤尾蕨属

Pteris multifida Poir.

草本，高 30~45 cm。根状茎短而直立，先端被黑褐色鳞片。叶簇生，二型，干后草质，无毛。不育叶具长 15~25 cm 的柄，柄光滑。能育叶具较长的柄。羽片狭线形，仅不育部分具锯齿，基部一对偶近羽状。

东莞偶见。生于潮湿岩石缝隙或灌丛下。分布于中国华东、华中地区及广东、香港、澳门、广西、四川、贵州、河北、山东、河南、陕西。越南、菲律宾、日本也有分布。

全草入药，有清热利湿、凉血解毒、收敛止血、止痢的功效。

半边旗 风尾蕨科，凤尾蕨属

Pteris semipinnata L.

草本，高 35~120 cm。根状茎长而横走。叶簇生，近一型，干后草质，无毛。叶柄连同叶轴为栗红色，光滑；叶片长圆披针形；顶生羽片阔披针形至长三角形，篦齿状深羽裂，裂片对生，镰刀状阔披针形；侧生羽片对生或近对生，半三角形，不育裂片的叶缘具尖锯齿。

东莞各地常见，产于樟木头（观音山）、谢岗（阴坑）。生于疏林下阴处、溪边或岩石旁的酸性土壤上。

分布于中国华东、西南地区及广东、香港、澳门、广西、湖南。日本、斯里兰卡和印度北部也有分布。

全草或根茎入药，有清热解毒、利湿、止血、消肿的功效。

蜈蚣凤尾蕨 凤尾蕨科，凤尾蕨属

Pteris vittata L.

草本，高 20~150 cm。根状茎短而粗壮，密被蓬松的黄褐色鳞片。叶簇生，干后薄革质，无毛；叶片倒披针状长圆形，1 回羽状；侧生羽片互生或近对生，无柄，狭线形，基部两侧稍呈耳形；顶生羽片与之同形；不育叶缘具密锯齿；侧脉纤细，单一或分叉。

产于东莞大岭山（石洞景区）。常生于石隙或墙壁上。分布于中国热带及亚热带地区。在旧大陆其他热带及亚热带地区分布很广。

全草或根茎入药，有祛风活血、解毒杀虫的功效；外用可治蜈蚣咬伤。

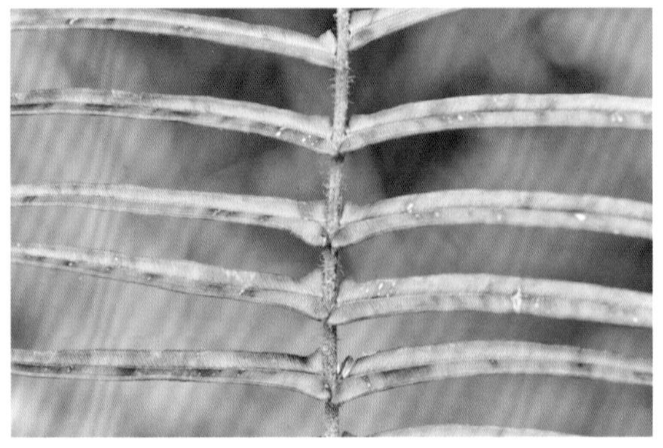

菜蕨 蹄盖蕨科，菜蕨属

Callipteris esculenta (Retz.) J. Sm. ex T. Moore et Houlston

大型常绿草本。根状茎直立，密被狭披针形褐色鳞片。叶簇生，能育叶基部疏被鳞片，向上光滑；叶片三角形或阔披针形，坚草质，无毛；羽片互生，阔披针形，具锯齿或浅羽裂；小羽片互生，狭披针形。孢子囊群多数，线形。囊群盖线形，膜质，黄褐色。

产于东莞清溪林场（三坑）。生于山谷林下湿地或河沟边。分布于中国华南、华东及西南地区。亚洲热带及亚热带地区也有分布。

幼芽与嫩叶可食用。

乌毛蕨 乌毛蕨科，乌毛蕨属

Blechnum orientale L.

草本，高 0.5~2 m。根状茎直立，粗短，密被狭披针形鳞片。叶簇生，叶片卵状披针形，革质；羽片多数，互生，无柄，下部羽片不育，缩小为圆耳形，中上部羽片线形或线状披针形，全缘或呈微波状；叶脉上面明显，小脉分离，平行。孢子囊群线形，连续，紧靠主脉两侧。

产于东莞清溪林场（三坑）、樟木头（观音山）。生于水沟旁、灌丛中或疏林下。分布于中国华南、华东及西南地区。印度、斯里兰卡、日本至波里尼西亚也有分布。

中国热带和亚热带酸性土指示植物。嫩叶可食。

苏铁蕨 乌毛蕨科，苏铁蕨属

Brainea insignis (Hook.) J. Sm.

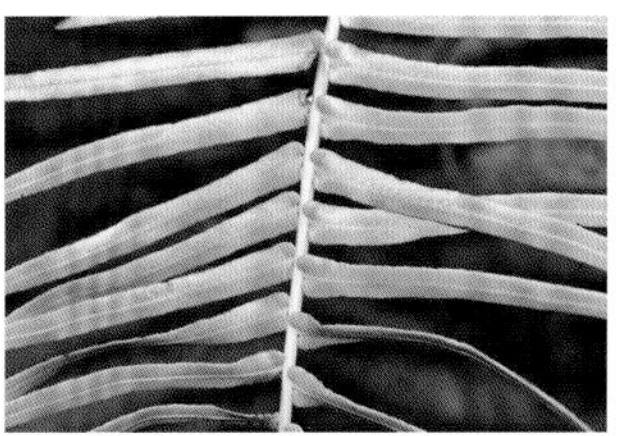

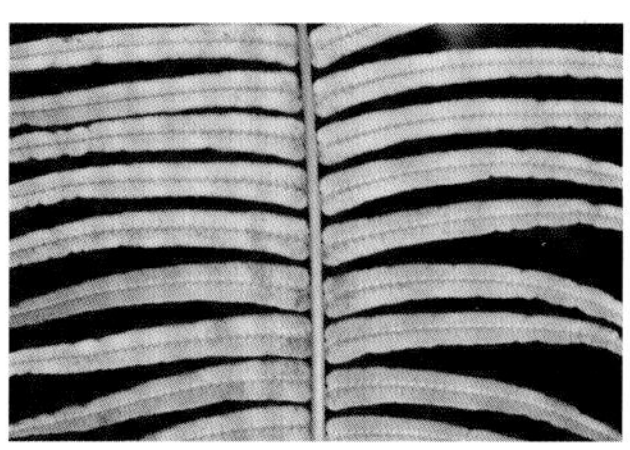

草本，高达 1.5 m。主轴直立或斜上，黑褐色，木质。叶簇生于主轴顶部，略二型；叶片椭圆披针形，革质；能育叶与不育叶同形，仅羽片较短较狭，偶不规则浅裂；叶脉明显，沿主脉两侧各有 1 行三角形或多角形网眼。孢子囊群沿主脉两侧的小脉着生，成熟时布满主脉两侧。

产于东莞大岭山（石洞景区）、虎门（大岭山）、谢岗（银瓶嘴保护区）。生于山坡向阳的地方。分布于中国华南地区及台湾、云南和福建南部。广布于印度经东南亚至菲律宾的亚热带地区。

根茎入药，有清热解毒、活血止血、驱虫的功效。株形苍劲，优美文雅，适宜草坪栽植、盆栽观赏。国家Ⅱ级重点保护野生植物。

肾蕨 肾蕨科，肾蕨属

Nephrolepis auriculata (L.) Trimen

附生或土生草本。根状茎直立，下部具铁丝状匍匐茎及近圆形的块茎。叶簇生，叶柄密被淡棕色线形鳞片；叶片线状披针形或狭披针形；羽片多数，互生，常覆瓦状排列，披针形；叶脉明显，小脉顶端具纺锤形水囊。孢子囊群肾形，囊群盖肾形。

产于东莞清溪林场（三坑）、谢岗（银瓶嘴保护区）。生于溪边林下。分布于中国华南、华东、西南地区及湖南南部。广布于世界热带及亚热带地区。

全草入药，有清热利湿、消肿解毒的功效。块茎富含淀粉，可食，亦可供药用。是华南地区常用的地被植物。

大叶骨碎补 骨碎补科，骨碎补属

Davallia formosana Hayata

草本，高达 1 m。根状茎粗壮，长而横走，密被蓬松的红棕色阔披针形鳞片。叶远生；叶柄亮棕色或暗褐色；叶片大，三角形或卵状三角形；羽片互生，基部 1 对最大，长三角形；叶脉叉状分枝。孢子囊群多数，生于小脉中部稍下的弯弓处或小脉分叉处。

东莞偶见，产于谢岗（银瓶嘴自然保护区）。生于低山山谷的岩石上或树干上。分布于中国华南地区及台湾、福建、云南。柬埔寨及越南北部也有分布。

根茎入药，有活血化瘀、补肾壮骨、祛风止痛的功效。适宜悬吊观赏，其叶可作插花材料。

杯盖阴石蕨 骨碎补科，骨碎补属

Davallia griffithiana Hook.

草本，高达 40 cm。根状茎长而横走，密被蓬松的鳞片，鳞片线状披针形。叶远生；叶片长三角状卵形，革质；裂片近三角形，全缘。孢子囊群生于裂片上侧小脉顶端；囊群盖宽杯形，高稍过于宽，两侧边大部着生叶面，棕色，有光泽。

东莞偶见，产于谢岗（银瓶嘴保护区）。生于沟谷中稍干燥的岩石上。分布于中国华南、华东、西南地区及湖南。老挝及越南北部也有分布。

根状茎入药，有祛风除湿、清热凉血、利尿通淋的功效。株型紧凑，体态潇洒，叶形美丽，可作小型盆栽观赏，也可用于立体绿化。

崖姜 槲蕨科，槲蕨属

Drynaria coronans (Wall. ex Mett.) J. Sm.

附生草本。根状茎横卧，粗壮，肉质，密被蓬松的长鳞片。叶簇生如鸟巢状，一型；叶片长圆倒披针形，基部以上羽状深裂；裂片多数，披针形，具圆形缺刻；叶脉粗而明显，横脉与侧脉垂直相交，具网眼，内藏分叉的小脉。孢子囊群生于小脉交叉处。

东莞偶见，产于大岭山镇（马山庙）。附生于雨林或季雨林中生树干上或石上。分布于中国华南地区及台湾、福建、贵州、云南。东南亚及印度也有分布。

根状茎入药，有补肾、活血、补血等功效。叶色翠绿，叶形优雅，用于立体绿化或庭园栽培观赏，插花材料。

江南星蕨 水龙骨科，瓦韦属

Lepisorus fortunei (T. Moore) C. M. Kuo

附生草本，高 30~100 cm。根状茎长而横走，顶端被棕褐色卵状三角形鳞片。叶远生；叶柄基部疏被鳞片；叶片线状披针形至披针形，基部下延成狭翅，全缘，具软骨质狭边，厚纸质；中脉两面明显，小脉网状，内藏小脉分叉。孢子囊群大，圆形，沿中脉两侧排列，近中脉。

东莞各地常见，产于谢岗（银瓶嘴保护区）。生于林下溪边岩石上或树干上。分布于中国长江以南各省区。东南亚及不丹也有分布。

全草入药，有清热解毒、祛风除湿、凉血止血、消肿止痛及利尿等功效。

瓦韦 水龙骨科，瓦韦属

Lepisorus thunbergianus (Kaulf.) Ching.

草本，高 8~20 cm。根状茎横走，密被披针形褐棕色鳞片。单叶，远生，一型；叶片线状披针形或狭披针形，纸质；主脉两面隆起，小脉不见。孢子囊群圆形或椭圆形，成熟后几密接，幼时被圆形褐棕色隔丝。

东莞各地常见，产于谢岗（银瓶嘴保护区）。附生于山坡林下树干或岩石上。分布于中国华东、华中、西南地区及广东、香港、北京、山西、甘肃。朝鲜、日本、菲律宾也有分布。

全草入药，有清热解毒、利水通淋、止血、止咳等功效。

光亮瘤蕨 水龙骨科，星蕨属

Microsorum cuspidatum (D.Don) Tagawa

石上附生草本，高 40~100 cm。根状茎横走，灰绿色，疏被褐色卵圆形鳞片，鳞片卵圆形，盾状着生，褐色。叶远生；叶柄禾秆色，无毛；叶片 1 回羽状，近革质，光滑；羽片全缘；侧脉不明显，小脉网状。孢子囊群在中脉两侧各 1 行。

产于东莞谢岗（南面村芒头排）。生于林缘石灰岩石壁上。东南亚及印度、尼泊尔有分布。

根茎入药，有补肾、壮筋骨、活血止痛、接骨等功效。观叶、观茎植物，适宜作室内大型盆栽观赏，庭园栽植或用于立体绿化。

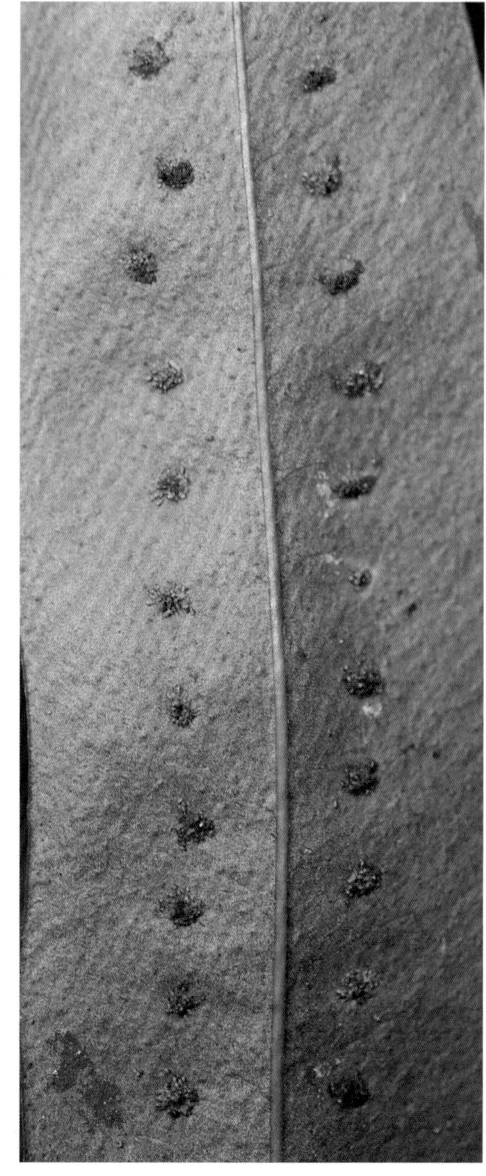

瘤蕨 水龙骨科，星蕨属

Microsorum scolopendria (Burm.) Copel.

附生草本。根状茎长而横走，肉质，疏被褐色狭披针形鳞片。叶远生；叶柄光滑无毛；叶片常羽状深裂，近革质，光滑；裂片披针形，全缘；侧脉与小脉均不明显，小脉网状。孢子囊群在裂片中脉两侧各1行或不规则的多行，凹陷，在叶表面凸起。

东莞偶见。生于石上或附生于树干上。分布于中国广东、海南、台湾。日本、印度、斯里兰卡、新几内亚以及波利尼西亚、澳大利亚热带、非洲热带也有分布。

全草入药，有清热解毒、活血消肿的功效。叶片整齐优美，可室内盆栽观赏，用于立体绿化，可点缀假山、水景、廊道等。

石韦 水龙骨科，石韦属

Pyrrosia lingua (Thunb.) Farwell

附生草本，高 10~30 cm。根状茎长而横走，密被淡棕色披针形鳞片。叶远生，近二型，形态变化大；能育叶常远比不育叶高而狭窄，两者的叶片均长于叶柄；不育叶片近长圆形或长圆披针形，长 5~20 cm，宽 1.5~5 cm，下部 1/3 处最宽，全缘，上面近光滑无毛，下面淡棕色或砖红色，密被星状毛；主脉、侧脉明显，小脉不显。孢子囊群椭圆形，在侧脉间整齐排成多行，布满叶片全部或大上半部，幼时覆盖星状毛而呈淡棕色，成熟时转砖红色。

东莞各地常见，产于莲花山。附生于低海拔林下树干上或稍干的岩石上。分布于中国长江以南各省区。印度、越南、朝鲜和日本也分布。

全草入药，有清热利湿、利尿通淋的功效。叶形独特，可栽植于假山、石景之上。

黑老虎（臭饭团）五味子科，南五味子属

Kadsura coccinea (Lem.) A. C. Smith

木质藤本，全株无毛。叶革质，长圆形至卵状披针形，全缘。花雌雄异株，单生于叶腋，稀成对，花被片红色。聚合果近球形，熟时红色或暗紫色，小浆果倒卵形，外果皮革质。种子心形或卵状心形。花期 4~7 月，果期 7~11 月。

产于东莞谢岗（银瓶嘴）。生于山地疏林或灌丛中。分布于中国东南至西南部。越南也有分布。

根药用，有行气活血、消肿止痛的功效。果可食用，为新型水果。

假鹰爪（酒饼叶）番荔枝科，假鹰爪属

Desmos chinensis Lour.

直立或攀缘灌木。叶薄纸质，长圆形或椭圆形，顶端钝或急尖，基部楔形至近圆形。花单朵与叶对生或互生，有时顶生；萼片卵形；内外轮花瓣长圆形，外轮花瓣较大；花托顶端平或略凹陷。种子球状。花期4~6月，果期6月至翌年3月。

产于东莞大岭山（石洞景区）、大岭山林场、清溪林场（三坑）、樟木头（观音山）。生于山地疏林、水旁、林缘。分布于中国华南及西南地区。东南亚也有分布。

根叶药用，有祛风止痛、行气化瘀、杀虫止痒的功效。花、果形态奇特，可作园林灌木。

瓜馥木 番荔枝科，瓜馥木属

Fissistigma oldhamii (Hemsl.) Merr.

攀援灌木。小枝被黄褐色柔毛。叶革质，倒卵状椭圆形或长圆形，顶端圆形或微凹，有时急尖，叶面无毛，叶背被短柔毛。花 1~3 朵集成密伞花序，外轮花瓣卵状长圆形，内轮花瓣与外轮近等长。果圆球状，密被黄棕色茸毛。种子圆形。花期 4~9 月，果期 7 月至翌年 2 月。

东莞偶见。生于低海拔山谷水旁灌木丛中。分布于中国华南、华东地区及云南、湖南。越南也有分布。

根可药用，有祛风活血、镇痛的功效。茎皮纤维可制作绳索和造纸；花可提制瓜馥木花油或浸膏，为调制化妆品、皂用香精的原料；种子油供工业用油。果可食用。

山椒子（大花紫玉盘）番荔枝科，紫玉盘属

Uvaria grandiflora Roxb. ex Horn.

攀缘灌木。全株密被黄褐色星状柔毛。叶纸质或近革质，长圆状倒卵形，顶端急尖或短渐尖，基部浅心形。花单朵与叶对生，红色，花瓣，卵形，内轮比外轮略大。种子卵形，扁平。花期 3~11 月，果期 5~12 月。

产于东莞樟木头（金河村上南水库）、清溪林场（龙潭水库尾）。生于山地疏林、灌丛中或路旁。分布于中国华南地区。东南亚也有分布。

根叶入药，有杀菌消炎、抗病毒、驱寒止痛等功效。花大而美丽，果形奇特，适宜庭园栽培观赏。

紫玉盘 番荔枝科，紫玉盘属

Uvaria macrophylla Roxburgh

直立或攀缘灌木。幼枝、幼叶、花序轴或果序轴均被星状柔毛。叶革质，长倒卵形或长椭圆形，顶端急尖或钝，基部近心形或圆形。花与叶对生，红色，花瓣内外轮花瓣相似，卵形。种子圆球形。花期3~8月，果期7月至翌年3月。

产于东莞清溪林场（三坑）、大岭山（石洞景区）、凤岗（塘沥碧湖风水林）、大岭山（老虎涌）、樟木头（观音山）、长安（莲花山公园）。生于低海拔山地疏林或灌丛中，较为常见。分布于中国华南地区及台湾。越南、老挝也有分布。

根、叶入药，有健胃行气、祛风止痛的功效。花美丽，适宜庭园观赏，作木本地被。

山苍子（山鸡椒）樟科，木姜子属

Litsea cubeba (Lour.) Pers.

落叶灌木或小乔木，高达 10 m。小枝绿色，无毛，枝、叶具芳香。叶纸质，互生，披针形或长圆形，上面深绿色，下面粉绿色，两面无毛。伞形花序单生或簇生，花淡黄色，先叶开放或与叶同时开放。果近球形，无毛，幼时绿色，成熟时黑色。花期 2~3 月，果期 7~8 月。

东莞各地常见。生于向阳的山地、灌丛、疏林或林中路旁。分布于中国华南、华中、华东及西南地区。东南亚各国也有分布。

根、茎、叶和果实均可入药，有祛风散寒、消肿止痛的功效。种子可提制工业用油。

威灵仙 毛茛科，铁线莲属

Clematis chinensis Osbeck

木质藤本。茎、小枝近无毛或疏生短柔毛。1回羽状复叶，小叶茎基部为单叶和三出复叶，纸质，卵形或狭卵形，两面近无毛。圆锥状聚伞花序腋生或顶生，萼片白色，长圆形或长圆状卵形。瘦果卵形，有柔毛，宿存花柱羽毛状。花期9~10月，果期11~12月。

产于东莞凤岗（塘沥碧湖风水林）、樟木头（观音山）。生于山谷疏林、山坡、溪边或灌丛中。分布于中国秦岭以南亚热带地区。越南也有分布。

小毒。根茎入药，有祛风湿、利尿、通经、镇痛等功效，主治风寒湿热、偏头疼、跟骨骨刺、足跟痛、胆结石等。

山木通 毛茛科，铁线莲属

Clematis finetiana Lév l. et Vant.

木质藤本。全株无毛，茎干后红棕色，枝节上被柔毛。叶对生，三出复叶，小叶革质，窄卵形或披针形；脉在两面凸起，侧脉明显。花单生或聚伞花序腋生或顶生，萼片白色，长椭圆形或披针形，边缘被茸毛。瘦果镰状纺锤形，被短柔毛。花期4~7月，果期10~11月。

产于东莞樟木头。生于溪边、灌丛或林中。分布于中国华南、华中、华东、西南地区及陕西。

全株入药，有清热解毒止痛、利尿、活血的功效。

小茴茴蒜（禺毛茛）毛茛科，毛茛属

Ranunculus cantoniensis de Candolle

多年生直立草本，高 30~50 cm。茎与叶柄被开展糙毛。基生叶为三出复叶，叶片宽卵形至肾圆形，具长柄，顶生小叶菱状卵形。花序顶生，萼片卵形，5 枚，绿色；花瓣 5 枚，椭圆形，黄色。聚合果球形；瘦果扁，斜倒卵圆形，无毛。花期 3~9 月，果期 4~8 月。

产于东莞大岭山（茶山顶）。生于溪边、田边、草坡或林缘。分布于中国华南、华中、华东、西南地区及陕西。东亚及不丹也有分布。

全草药用，有毒，具退黄、截疟、消翳之效。

沈氏十大功劳 小檗科，十大功劳属

Mahonia shenii W. Y. Chun

灌木，高 1~2 m。树皮深黄灰色，具不整齐的纵沟槽。羽状复叶聚生于枝顶对，小叶革质，卵形至卵状披针形。总状花序聚生于枝端，花黄色，外轮萼片卵形，中轮和内轮萼片近等大，花瓣窄倒卵形。浆果椭圆体形，稍被白粉。花期 9~11 月。

产于东莞谢岗（南面村、银瓶嘴）。生于疏林下。分布于中国广东、广西、湖南。

根茎供药用，有清火、解毒、抗菌消炎的功效，主治黄疸型肝炎、痢疾、赤眼、烧伤、烫伤等症，可作黄连代用品。适宜庭院栽培观赏。

大血藤 大血藤科，大血藤属

Sargentodoxa cuneata (Oliv.) Rehd. et Wils.

落叶木质藤本。老茎纵裂，切断时有红色汁液渗出。叶互生，具长柄，三出复叶。顶生和侧生小叶的形状及大小均不同，顶生小叶菱状倒卵形，侧生小叶较大。花多数，芳香，黄色或黄绿色，排成总状花序。浆果卵圆形，暗蓝色，被白粉。花期2~4月。

东莞偶见。生于山坡和沟谷疏林。分布于中国华南、华中、华东及西南地区。老挝及越南也有分布。

根、茎入药，有通经活络、散瘀痛、理气行血、杀虫等功效。饮用价值广泛，可做女贞子大血藤蜜茶、首乌大血藤茶、大血藤熟地黄茶等。大型木质藤本花卉，花、叶美观，适宜亭廊绿化。

木防已 防已科，木防已属

Cocculus orbiculatus (L.) de Candolle

木质藤本。嫩枝密被柔毛，老枝近无毛，有直纹。叶纸质，形状变异大，常卵形或椭圆形，常全缘，两面或仅下面被疏柔毛，叶柄被柔毛。聚伞花序腋生或作总状花序式排列，花序轴和花梗有柔毛。核果，球形。花期 4~8 月，果期 8~10 月。

东莞常见，产于大岭山、樟木头（上南水库）、谢岗（南面村芒头排）、清溪林场（石壁）、虎门。生于疏林中或灌丛中。分布几遍中国。广布于亚洲东南部、东部及夏威夷群岛。

根入药，有祛风止痛、利尿消肿、解毒、降血压的功效。

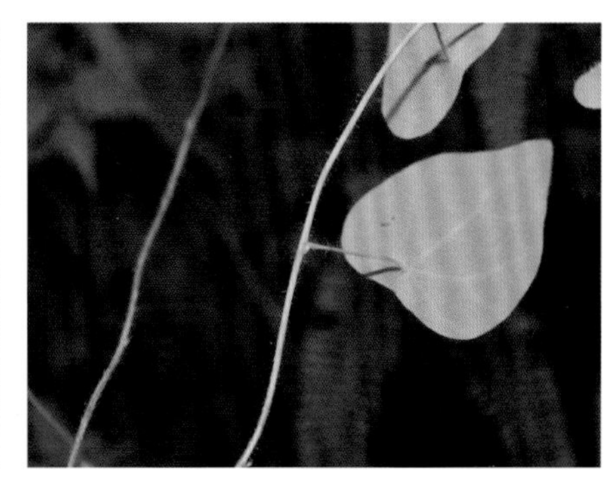

毛叶轮环藤 防已科，轮环藤属

Cyclea barbata Miers

草质藤本。嫩枝被糙硬毛。叶薄纸质或近膜质，三角状阔卵形，两面被糙硬毛，叶脉掌状。花序腋生，雄花花序为圆锥花序，雌花花序为总状圆锥花序。核果近球形，被硬毛。花期秋季，果期冬季。

产于东莞樟木头（观音山）、大岭山。生于山地林中。分布于中国华南地区及湖南、江西、福建、云南。越南也有分布。

根入药，有解毒、止痛、散瘀的功效，常用于治疗急性扁桃体炎、咽喉肿痛、牙痛、胃痛、腹痛等。

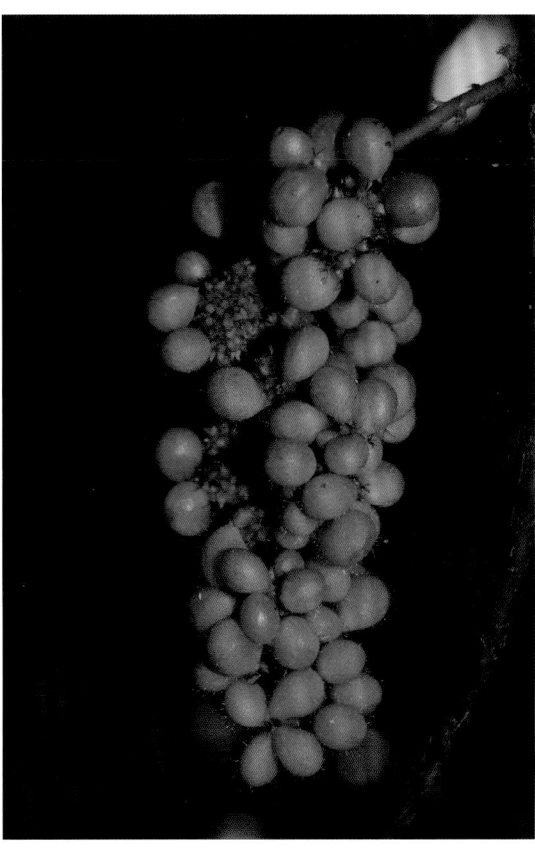

粉叶轮环藤 防已科，轮环藤属

Cyclea hypoglauca (Schauer) Diels

藤本。小枝无毛。叶纸质，阔三角状卵形至卵形，上面有光泽，下面粉绿色，两面无毛或仅下面被疏长白毛，叶脉掌状。花序腋生，雄花花序为间断的穗状花序，雌花为总状花序。核果红色，无毛。花期夏季，果期秋季。

东莞各地常见，产于谢岗（南面村银瓶嘴）、大岭山。生于灌丛中。分布于中国广东、香港、澳门、海南。印度东北部、中南半岛至印度尼西亚也有分布。

根、茎和叶药用，有清热解毒、祛风止痛的功效。叶、果奇特，适宜作绿篱、盆栽观赏。

苍白秤钩风 防已科，秤钩风属

Diploclisia glaucescens (Bl.) Diels

木质大藤本。全株无毛。叶片薄革质，宽卵形，下面常有白粉，叶柄自基生至明显盾状着生。圆锥花序常簇生于老茎上，花淡黄色，微芳香，花瓣顶端短尖或凹入。核果长圆状狭倒卵圆形，熟时黄红色。花期春季，果期夏季。

产于东莞清溪（石壁）、清溪林场（三坑）、樟木头（观音山）、谢岗（麻雀坑）、虎门。生于山地、水旁、山谷。分布于中国华南地区及云南。广布于亚洲热带地区。

藤茎入药，有清热解毒、祛风除湿的功效，治毒蛇咬伤。

粪箕笃 防已科，千金藤属

Stephania longa Lour.

多年生缠绕草本。茎柔弱，有纵行线条，无毛。叶纸质或膜质，三角状卵形，先端极钝或稍凹入而剖、凸尖，基部浑圆或截头形，上面绿色，下面淡绿或粉绿色。花序腋生，伞状分枝，花瓣4枚，近圆形。核果红色，干后扁平，马蹄形。花、果期秋、冬季。

东莞各地常见，产于大岭山（石洞景区）、大岭山林场（茶山顶）。生于村边、旷野、山地等处的灌丛中。分布于中国华南地区及福建、台湾、云南。越南也有分布。

全株入药，有清热解毒、利湿通便、消疮肿、生肌止血的功效，可治毒蛇咬伤。

青牛胆 防已科，青牛胆属

Tinospora sagittata (Oliv.)Gagnep.

常绿草质藤本。具黄色块根。分枝细长，有槽纹，被短硬毛。叶纸质，卵形至披针形，顶端渐尖或钝，基部箭形或戟状箭形。花单性，雌雄异株。雄花总状花序，雌花萼片形状与雄花的相同，花瓣较小。核果红色，背部隆起。花期 4 月，果期秋季。

产于东莞虎门（威远炮台）。常生于山地疏林或灌丛中。分布于中国广东、香港、广西、湖南、湖北、四川。

块根供药用，有消炎解毒、利咽、止痛的功效。

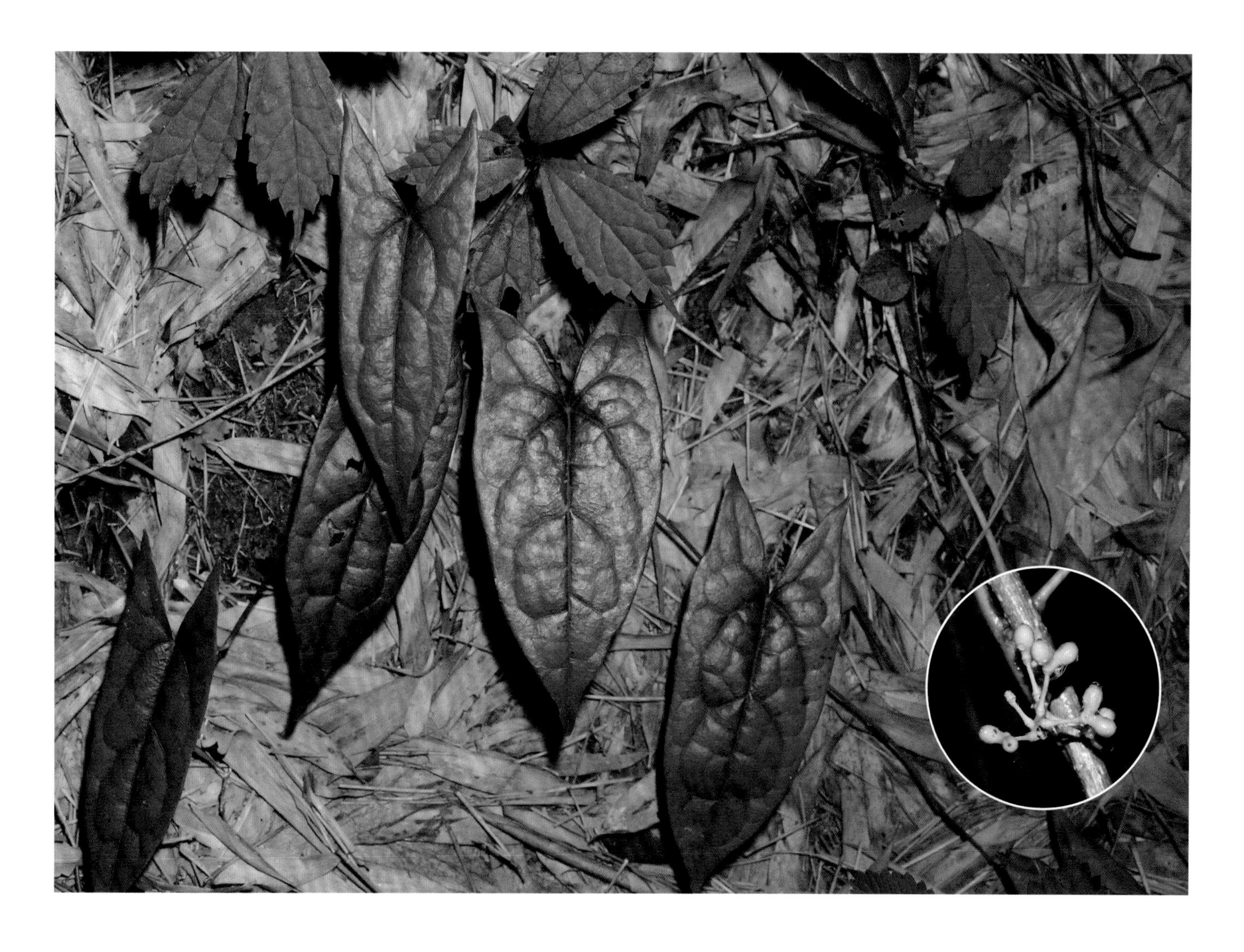

中华青牛胆 防已科，青牛胆属

Tinospora sinensis (Lour.) Merr.

落叶藤本，长达 20 m。茎枝肥厚，表皮褐色，散生瘤状皮孔，常十字形开裂。叶膜质或纸质，阔卵状圆形，先端急尖，基部浅心形至深心形，两面被短柔毛。总状花序先叶抽出，单生或簇生于叶腋。核果红色，近球形，内果皮卵状半球形。花期 4 月，果期 5~6 月。

产于东莞虎门（威远炮台）、大岭山。生于林中、林缘。分布于中国华南地区及云南。南亚及东南亚也有分布。

茎入药，有舒筋活络、祛风止痛、敷疮散热等功效。

通城虎（大散血）马兜铃科，马兜铃属

Aristolochia fordiana Hemsl.

攀缘草质藤本。块根圆柱形，细长。叶革质或薄革质，卵状心形或卵状三角形，顶端长渐尖，基部近心形；网脉在下面凸起，密被短茸毛。总状花序，花被管基部膨大呈球状，暗紫色，子房长圆形。蒴果长圆形至倒卵形；种子卵状三角形。花期 3~4 月，果期 5~7 月。

产于东莞谢岗（银瓶嘴、南面村路旁）。生于山谷林下灌丛或山地石壁下。分布于中国广东、香港、广西、江西。

根入药，有祛风止痛、解毒消肿的功效，常用于治疗胃痛、风湿骨痛、跌打损伤、毒蛇咬伤等。

石蝉草 胡椒科，草胡椒属

Peperomia blanda (Jacq.) Kunth

多年生肉质草本，高 10~35 cm。茎直立或基部匍匐。叶对生轮生，膜质，被腺体，形状多变异，椭圆形或倒卵形，两面被短柔毛。穗状花序腋生或顶生，苞片圆形，盾状，有腺点；子房倒卵形，顶端钝，柱头顶生，被短柔毛。小坚果球形或宽椭圆形。花期 4~12 月。

东莞各地常见。生于山谷林中、溪边或湿润岩石上。分布于中国华南、西南地区及福建。

全草药用，有祛瘀散结、止痛利水、抗癌的功效。

豆瓣绿 胡椒科，草胡椒属

Peperomia tetraphylla (Forst. f.) Hook. et Arn.

肉质，簇生草本；茎基部匍匐，多分枝。叶轮生，肉质，有透明腺点，阔椭圆形或近圆形，两端钝或圆；叶脉 3 条，网状脉不明显。花序单生，腋生和顶生；总花梗被疏毛或近无毛，花序轴密被毛；苞片近圆形，有短柄，盾状。浆果卵形。花期 2~4 月及 9~12 月。

东莞偶见。生于湿润的石上或树上。分布中国华南、西南等地。广布于非洲、美洲、大洋洲和亚洲热带和亚热带地区。

全草入药，有润肺止咳、利湿、消肿散瘀等功效。内服可治风湿性关节炎、肺结核、支气管炎，外敷可治跌打损伤。株型小巧美观，常室内盆栽观赏。

华南胡椒 胡椒科，胡椒属

Piper austrosinense Y. C. Tseng

木质藤本。除苞片腹面中部、花序轴和柱头外其余无毛；枝有纵棱，节上生根。叶厚纸质或革质，无腺点，基部心形，两侧相等，无毛；基出或近基出叶脉5条，网状脉明显。花单性，雌雄异株，聚集成与叶对生的穗状花序。浆果球形，基部嵌生于花序轴中。花期4~6月。

产于东莞谢岗（银瓶嘴）。生于林中，攀缘于石上或树上。分布于中国华南地区。

全草药用，有消肿止痛的功效，主治牙痛、跌打损伤等。

山蒟 胡椒科，胡椒属

Piper hancei Maxim.

攀缘藤本。除花序轴和苞片柄外，其余均无毛。叶纸质或近革质，卵状披针形或椭圆形，顶端短尖，基部渐狭或楔形，有时钝，两侧近相等。花单性，雌雄异株，聚集成与叶对生的穗状花序。浆果球形，黄色，离生。花期 3~8 月。

东莞各地常见，产于谢岗（大横坑、银瓶嘴），樟木头（观音山，金河村上南水库）。生于林中石上或树上。分布于中国华南地区及湖南、福建、浙江、云南、贵州。

茎、叶药用，有消肿止痛、驱风寒、通经的功效，治风湿骨痛、手足麻痹、感冒风寒等。攀附能力强，适宜城市立体绿化。

蕺菜（鱼腥草、狗贴耳）三白草科，蕺菜属

Houttuynia cordata Thunb.

多年生草本，高 30~60 cm。茎、叶常有腥臭味。茎有时带紫红色，无毛或节上被毛。叶薄革质，卵形或阔卵形，顶端短渐尖，基部心形，两面具腺点，背面紫红。穗状花序无毛；总苞片长圆形或倒卵形。蒴果顶端有宿存的花柱。花期 4~7 月。

东莞偶见。生于潮湿沼泽地、林下、沟边。分布于中国华南、华东、华中、西南及西北地区。亚洲东部和东南部广泛分布。

全株入药，有抗菌消炎、清热解毒、利水消肿、健胃消食等功效。民间常用其根茎做凉拌菜，全株可煲汤，干品亦可制茶。

三白草 三白草科，三白草属

Saururus chinensis (Lour.) Baill.

湿生草本，高约1m。茎粗壮，有纵长粗棱和沟槽。叶纸质，密生腺点，阔卵形至卵状披针形，茎顶端的2~3片叶在花期时常为白色，呈花瓣状。花序白色，无毛，但花序轴密被短柔毛；苞片近匙形，贴生于花梗上。果近球形，表面多疣状凸起。花期4~6月。

东莞偶见。生于低湿沟边、塘边或溪旁。分布于中国华北地区和长江流域及其以南各省区。日本、菲律宾至越南也有分布。

全株药用，有清热解毒、利水消肿、抗炎、保肝、抗癌等功效。叶形、叶色独特，可作湿地观赏植物。提取物可作为制作止痒香皂的原料。

草珊瑚（鸡爪兰、九节茶）金粟兰科，草珊瑚属

Sarcandra glabra (Thunb.) Nakai

常绿亚灌木，高 50~120 cm。茎与枝无毛，均具膨大的节。叶革质，椭圆形至卵状披针形，边缘具粗锐锯齿，托叶钻形。穗状花序顶生，通常分枝，多少呈圆锥花序状，花黄绿色。核果球形，熟时亮红色。花期 6~7 月，果熟期 8~10 月。

产于东莞樟木头林场、观音山、清溪林场、谢岗镇（南面村银瓶嘴）、大岭山（茶山顶）。生于山坡、山谷林下。分布于中国华南、西南、华中、华东各省区。亚洲东部及东南部也有分布。

全株入药，有清热解毒、祛风活血、消肿止痛、抗菌消炎、接骨止痛等功效。可作阴生观赏植物。

尖叶槌果藤（独行千里）白花菜科，槌果藤属

Capparis acutifolia Sweet

攀缘灌木。叶膜质或纸质，长圆状披针形，顶端渐尖，基部渐狭或楔形，无毛或叶脉早期被易脱落黄色柔毛。花白色，单生于叶腋上方，常 2~4 朵在花枝上排成一行，花瓣狭长圆形。果近球形。花期 3~7 月，果期 8 月至翌年 2 月。

产于东莞谢岗（观音座莲向山、银瓶嘴）。生于林中。分布于中国东南部至南部。越南也有分布。

有毒。根入药，有消炎解毒、镇痛、止咳的功效，也可治毒蛇咬伤。

广州槌果藤（广州山柑）白花菜科，槌果藤属

Capparis cantoniensis Lour.

攀缘灌木。枝有下弯小刺。叶纸质或近革质，长圆状卵形或长圆状披针形。花白色，排成伞形花序再组成顶生或腋生的圆锥花序，花梗被微柔毛，花瓣长圆形或卵形，子房卵状或圆锥状。浆果球形，无毛。花期 3~11 月，果期 6 月至翌年 3 月。

东莞偶见，产于谢岗（鹰坑）、清溪林场（石壁）、塘厦（大屏嶂）。生于密林或疏林中。分布于中国华南地区及贵州、云南。南亚及东南亚也有分布。

根、茎、叶或种子入药，有清热解毒、止咳、止痛的功效，主治咽喉肿痛、肺热咳嗽、疥癣等症状。

荠菜（菱角菜）十字花科，荠菜属

Capsella bursa-pastoris (L.) Medic.

一年生或二年生草本，高 7~50 cm。茎直立，单一或从下部分枝。单叶，基生叶莲座状，大头羽状分裂，茎生叶窄披针形。总状花序顶生及腋生，萼片长圆形，花瓣白色，卵形，有短爪。短角果倒三角形或倒心形，顶端微凹。种子长椭圆形，浅褐色。花、果期 4~6 月。

东莞偶见。生于荒野、田边。分布几遍中国。广布于全世界温带地区。

全草入药，有利尿、止血、清热、明目、消积的功效。茎叶为民间常食蔬菜。种子可榨油。

华南远志（金不换、鹧鸪菜）远志科，远志属

Polygala chinensis L.

一年生直立草本。茎直立，不分枝或多少分枝。叶纸质，互生，叶形变异大，椭圆形或线状长圆形至长圆状披针形。总状花序腋生，花少而密集，淡黄色或白带淡红色，苞片披针形。蒴果圆形，顶端微凹，具狭翅和缘毛。花期 4~10 月，果期 5~11 月。

东莞偶见，产于谢岗（南面村、银瓶嘴芒头坑、石鼓水库、鹰坑）、樟木头林场（九洞桥）。生于山坡草地或灌木丛中。分布于中国华南地区及云南。印度、越南、菲律宾也有分布。

全草入药，有清热解毒、消积、祛痰止咳、活血散瘀的功效。

黄花远志（黄花倒水莲）远志科，远志属

Polygala fallax Hemsl.

落叶灌木或小乔木，高 1~3 m。根粗壮，多分枝，表面淡黄色。单叶互生，纸质，椭圆状披针形或椭圆形，先端渐尖，基部楔形至钝圆，全缘。总状花序顶生或侧生，花后下垂，花瓣黄色。蒴果阔倒心形至圆形，绿黄色。种子圆形，棕黑色至黑色。花期 5~8 月，果期 8~10 月。

东莞偶见。生于灌木丛中或林缘路边。分布于中国长江以南各省区。

根入药，有滋补强身、散瘀消肿、健脾利湿、活血调经等功效。民间常用其鲜根炖汤。

落地生根 景天科，落地生根属

Bryophyllum pinnatum (L. f.) Oken

直立草本。茎肉质，圆柱形。叶对生，厚肉质，叶片卵形、长圆形或椭圆形，顶端圆形或急尖，基部宽楔形或渐狭，边缘具钝齿，钝齿底部容易生芽，芽长大后落地即成一新植株。圆锥花序分枝常近对生，花大而下垂。蓇葖果，种子小，有条纹。花期11月至翌年3月。

产于东莞虎门。生于湿润草地、林荫树下或石缝中。分布于中国华南、华东地区。原产于非洲。

叶入药，有清热消肿、拔毒生肌的功效。栽培作观赏用。

荷莲豆草 石竹科，荷莲豆草属

Drymaria cordata (Linnaeus) Willdenow ex Schultes

一年生披散草本。茎光滑，匍匐，节常生不定根。叶对生，叶片卵圆形至近圆形，具短柄。花成顶生聚伞花序，腋生或顶生，白色或绿色。蒴果卵形，种子近圆形，有疣状凸起，压扁，粗糙。花期4~10月，果期6~12月。

东莞各地常见。生于低海拔至中海拔的山谷水边或草地。分布于中国华南、华东、西南地区。亚洲和非洲也有分布。

全草入药，有消炎、清热、解毒的功效。适宜作园林地被。

大花马齿苋

（松叶牡丹、半支莲）马齿苋科，马齿苋属

Portulaca grandiflora Hook.

一年生肉质草本。叶散生或略集生，圆柱形。花顶生，日开夜闭，苞片叶状，轮生，具白色长柔毛；花瓣倒卵形，顶端微凹，颜色鲜艳，红色、紫色或白色，有时重瓣。蒴果近椭圆形，成熟时盖裂；种子小，圆肾形。花期6~9月，果期8~11月。

东莞各地常见，已逸为野生。原产于巴西。

全草入药，有散瘀止痛、清热解毒、消肿的功效。可作观赏花卉。

马齿苋 马齿苋科，马齿苋属

Portulaca oleracea L.

一年生肉质草本。茎多分枝，伏地铺散，圆柱形，绿色或紫红色。叶互生，有时近对生，叶片扁平，肥厚，矩圆形或倒卵形，似马齿状。花无梗，簇生于枝顶，午时开花；花瓣倒卵形，黄色。蒴果卵形，盖裂。种子细小，黑褐色，具小疣状凸起。花期5~8月，果期6~9月。

东莞各地常见，产于塘厦（大屏嶂）、长安（莲花山水库）、清溪林场（爆石）。生于旷地、路旁或耕地。分布于中国各省区。广布于世界温带和热带地区。

全草药用，有清热利湿、解毒消肿、消炎、止渴的功效。嫩茎叶可作蔬菜。

土人参 马齿苋科，土人参属

Talinum paniculatum (Jacq.) Gaertn.

一年生或多年生草本，高 30~100 cm。主根粗大，圆锥状，棕褐色。叶互生或近对生，倒卵形、椭圆形至倒卵状长椭圆形。圆锥花序顶生或侧生，多呈二歧分叉；总苞片绿色或近红色，圆形；花瓣淡红色，倒卵形或椭圆形。蒴果近球形，种子小，扁圆形，黑色。花期 6~8 月，果期 9~11 月。

产于东莞清溪林场（爆石）。生于路旁、田边潮湿地。原产于热带美洲。

根为滋补强壮药，有补中益气、润肺生津的功效，叶可消肿解毒，治疗疮疖肿。株型美观，适宜园林栽培、盆栽观赏。

火炭母 蓼科，蓼属

Polygonum chinensis L.

多年生草本，直立或半攀缘状。叶互生，具柄，宽卵形或卵状长椭圆形，全缘，叶面常有淡色V形斑块。头状花序，常数个排成圆锥状或伞房状，花序梗被腺。瘦果卵形，黑色，无光泽，包于宿存的花被。花期7~9月，果期8~10月。

东莞各地常见，产于谢岗（南面村棚坑）、塘厦（大屏嶂）。生于溪旁、村边、旷野等地。分布于中国华南、华东、华中、西北、西南地区。东亚、东南亚、马来半岛也有分布。

全草入药，有清热利湿、凉血解毒、平肝明目、活血舒筋等功效。可作园林地被。

何首乌 蓼科，何首乌属

Pleuropterus multiflorus (Thunb.) Nakai

多年生缠绕藤本。块根肥厚，长椭圆形，黑色或黑紫色。茎缠绕，中空，多分枝。叶片卵形或长卵形顶端渐尖，基部心形或近心形。花序圆锥状，顶生或腋生，大而开展。瘦果椭圆形，有3棱，黑色。花、果期7~11月。

东莞常见分布。分布于中国华南、华东、华北、西北、西南地区。日本也有分布。

块根入药，有安神、补益精血、乌须发、补肝肾等功效。其块根肥厚，适宜盆栽观赏。

土牛膝 苋科，牛膝属

Achyranthes aspera L.

多年生草本，高达 1 m。茎直立或披散，具 4 棱，有分枝，被柔毛，节膨大如膝状。单叶对生，具柄，纸质，卵圆形、倒卵形或长椭圆形。穗状花序顶生，直立，花淡绿色，开放后反折。胞果卵形；种子卵形，不扁压，棕色。花期 6~8 月，果期 10 月。

东莞各地常见，产于大岭山（五窑村）、长安（夏岗村）。生于疏林中或村庄附近空旷地。分布于中国华南、华中、华东及云南地区。东南亚、南亚及非洲、欧洲也有分布。

根药用，有清热解毒、利尿、活血散瘀的功效，主治咽喉肿痛、关节痛、小便不利等。

牛膝 苋科，牛膝属

Achyranthes bidentata Bl.

多年生草本，高 70~120 cm。根粗壮，圆柱形，土黄色。茎直立，有棱角或四棱形，绿色或带紫色。叶椭圆形或椭圆状披针形，两面有柔毛。穗状花序顶生或腋生，花期后反折，黄绿色。胞果矩圆形，黄褐色，光滑。花期 7~9 月，果期 9~10 月。

产于东莞虎门（路东、沙角炮台）、谢岗（银瓶嘴）。生于村旁或疏林下。分布于中国除东北之外的各省区。亚洲、非洲均有分布。

根入药，生用有活血通经的功效，主治产后腹痛月经不调、虚火牙痛等；熟用可补肝肾、强腰膝。

刺苋 苋科，苋属

Amaranthus spinosus L.

一年生草本。茎直立，有时带紫红色。叶菱状卵形或卵状披针形，全缘，叶柄光滑，基部两侧各有1刺。圆锥花序腋生及顶生，苞片在腋生花簇或顶生花穗基部处变成尖刺，花被片绿色，具凸尖。胞果矩圆形。花、果期7~11月。

东莞各地常见。生于旷地或园圃。分布几遍中国。亚洲、美洲均有分布。

全草药用，有清热解暑、散血消肿的功效。根、茎及叶可作蔬菜食用。

青葙 苋科，青葙属

Celosia argentea L.

一年生草本。单叶互生，披针形，绿色常带红色。穗状花序顶生或腋生，圆柱形或圆锥状，花着生甚密，初为淡红色，后变为银白色。胞果卵状椭圆形。种子肾状圆形。花期 5~8 月，果期 6~9 月。

东莞各地常见，产于虎门（南面村海边）。生于平原、田边、丘陵或山地。分布几遍中国。亚洲、非洲热带地区有分布。

种子供药用，称青葙子，有清热明目之效。种子炒熟后，可加工各种熟食；嫩茎叶浸去苦味后，可作野菜食用。全株可作饲料。花序宿存经久不凋，可作切花观赏。

落葵（潺菜）落葵科，落葵属

Basella alba L.

一年生缠绕草本，全体肉质，光滑无毛。茎长达数米，有分枝，绿色或淡紫色。叶互生，卵形或近圆形，先端急尖，基部心形或圆形。穗状花序腋生，花被片淡紫色或淡红色。果实卵形或球形，暗紫色。

东莞有栽培，已逸为野生，产于长安（零汀洋附近）、虎门（路东、沙角炮台）。原产于亚洲、非洲及美洲的热带地区。中国南北均有栽培。

全草入药，有清热凉血之功效。叶作蔬菜食用。

了哥王 瑞香科，荛花属

Wikstroemia indica (L.) C. A. Mey

灌木，高 0.5~2 m。小枝红褐色。叶对生，纸质或近革质，长椭圆形、倒卵形或披针形，全缘，两面黄绿色，无毛。花黄绿色，数朵组成顶生的短总状花序。核果椭圆形，成熟时黄至红色，果皮肉质。花期 3~4 月，果期 8~9 月。

东莞各地常见，产于大岭山林场（茶山、五窑村）、樟木头（观音山）。生于山坡、灌丛、旷野和田边。分布于中国长江以南省区。越南至印度也有分布。

根、茎皮和叶入药，全株有毒，有消炎止痛、拔毒、止痒的功效。茎皮纤维可造纸。成熟果实鲜红，叶色翠绿，株型美观，为盆景的优良植物材料。

锡叶藤 五桠果科，锡叶藤属

Tetracera asiatica (Lour.) Hoogl.

木质藤本。叶革质，长圆形，顶端急尖或钝，两面均粗糙，无毛或被紧贴的疏柔毛。圆锥花序顶生或腋生，花多数，白色，被糙伏毛或疏柔毛。蓇葖果卵形，褐黄色而光亮。种子1~2颗，黑色，卵形，具边缘流苏状的假种皮。花期4~5月。

产于东莞清溪林场（三坑）。生于低海拔山地林缘或灌丛中。分布于中国华南地区。东南亚也有分布。

叶粗糙，可磨光锡器，故有“锡叶藤”之名。茎皮可制绳索。根、茎、叶入药，有收敛止泻、消肿止痛的功效。抗性强，叶形美观，适宜用于园林地被，立体绿化。

少花海桐 海桐花科，海桐花属

Pittosporum pauciflorum Hook. et Arn.

常绿灌木，高达 2 m。嫩枝无毛。叶革质，狭长椭圆形或倒披针形，先端短尖，基部楔形，全缘。花 3~5 朵生于枝顶叶腋内；子房有毛，胎座 3 个。蒴果阔卵形或球形，有毛，3 爿裂开。花期 3~4 月。

产于东莞樟木头（观音山）。生于山地常绿林中。分布于中国广东、广西及江西。

根入药，有解毒、利湿、活血、消肿的功效，治蛇伤、跌打、关节炎等。叶用于止血。种子含油，提出油脂可制肥皂，茎皮纤维可制纸。

绞股蓝（五叶神、七叶胆）葫芦科，绞股蓝属

Gynostemma pentaphyllum (Thunb.) Makino

草质藤本。茎柔弱，具分枝，有纵棱，卷须长。叶纸质或膜质，常具叉指状5片小叶，有时3~7片小叶。花雌雄异株，白色；雄花组成腋生圆锥花序，花瓣线状披针形；雌花花序远较雄花花序短。浆果球形，橄绿色，成熟时黑色。花期6月至翌年2月，果期9~11月。

东莞各地常见，产于谢岗（银瓶嘴）。生于山谷林中。分布于中国长江以南各省区。东亚、东南亚至南亚也有分布。

全草有清热解毒、抗疲劳、抗衰老、镇静、催眠和促进应力恢复等作用，为滋补强壮药。可作绞股蓝保健茶、绞股蓝灵芝酒等产品。干叶、鲜叶常作药膳

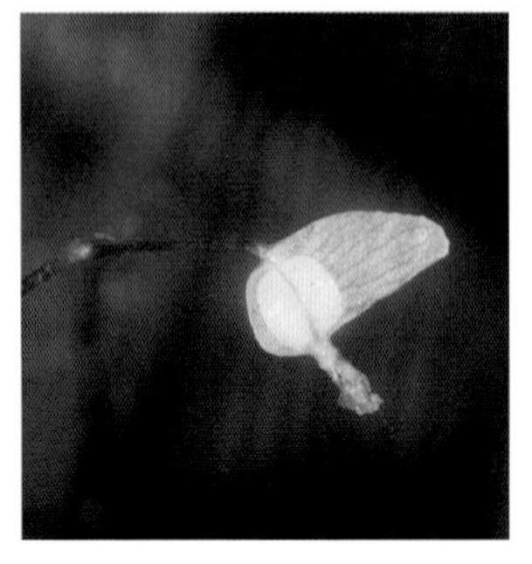

紫背天葵 秋海棠科，秋海棠属

Begonia fimbristipula Hance

多年生矮小草本。具球状块茎。叶圆心形或卵状心形，上面被疏或密的小粗毛，下面常带紫色，沿叶脉被粗毛，边缘有不规则的重锯齿和缘毛。花茎纤细，红色，无毛，顶生2~3歧状的聚伞花序，淡红色。蒴果三角形，具翅。花期5~8月。

东莞偶见，产于银瓶嘴。生于山谷、沟边或林中的阴湿石缝中。分布于中国长江以南地区。

叶晒干可作代用茶，也供药用，有清热解毒、消炎止痛的功效。

米碎花 山茶科，柃属

Eurya chinensis R. Br.

灌木，高 1~3 m。多分枝，灰褐色或浅褐色。叶薄革质，倒卵形，顶端钝而有微凹或略尖，基部楔形，边缘密生细锯齿。花瓣 5 枚，白色，倒卵形。果实圆球形，成熟时紫黑色。种子肾形，黑褐色，有光泽，表面具细蜂窝状网纹。花期 11~12 月，果期翌年 6~7 月。

东莞各地常见，产于清溪林场（十二排石禾坪）、谢岗（银瓶嘴）。生于丘陵山坡灌丛。广泛分布于中国华南、华东、西南、华中地区及台湾。中南半岛也有分布。

全株可入药，有清热除湿、解毒的功效。主治感冒发热、湿热黄疸、疮疡肿毒、水火烫伤、外伤出血等。鲜叶可制茶。园林绿化中作绿篱栽培。

黄毛猕猴桃 猕猴桃科，猕猴桃属

Actinidia fulvicoma Hance

中型半常绿藤本。叶纸质至亚革质，卵形至披针状长卵形，腹面密被伏毛或长柔毛，背面淡绿色，密被星状茸毛。聚伞花序密被绵毛，通常3花。果卵珠形至卵状圆柱形，具斑点，萼片宿存。花期5~6月，果期11月。

东莞偶见。生于海拔130~400 m山地疏林中或灌丛中。分布于中国广东中部至北部和湖南及江西的南部。

猕猴桃种类中风味较好之一，抗性较强，开发前景广阔。

阔叶猕猴桃（多花猕猴桃）猕猴桃科，猕猴桃属

Actinidia latifolia (Gardn. et Champ.) Merr.

落叶藤本。叶坚纸质，阔卵形，叶面无毛，下面密被星状短茸毛。聚伞花序具花多朵，2~4 回分歧，花瓣长圆形或倒卵状长圆形。浆果卵形，暗绿色，成熟后无毛，有褐色斑点，宿存萼片反折。花期 5~6 月，果期 9~11 月。

产于东莞樟木头（观音山）、虎门、谢岗（南面村、银瓶嘴、芒头坑）。生于山谷、灌丛或疏林中。分布于中国长江以南各省。东南亚也有分布。 、

茎叶入药，有除湿、消肿止痛的功效，主治治咽喉肿痛、湿热腹泻等。果肉鲜美，可作果汁、果酱。

桃金娘（岗稔）桃金娘科，桃金娘属

Rhodomyrtus tomentosa (Ait.) Hassk.

灌木，高 1~2 m。叶革质，对生，长圆形至椭圆形，离基 3 出脉。花瓣淡红色、淡紫红色或白色，雄蕊比花瓣短。浆果，卵状壶形，熟时紫黑色。种子多数，每室成 2 列排列。花期 4~5 月，果期 7~11 月。

产于东莞樟木头（观音山）。生于丘陵坡地，为酸性土指示植物。分布于中国华南、东南、西南各省区。菲律宾、日本、马来西亚、斯里兰、印度尼西亚和中南半岛也有分布。

根、果、叶入药，有祛风活络、收敛止泻、滋养补血、安胎等功效。果可食，常泡制药酒，制作果汁。花色丰富艳丽，果形独特，株型饱满，适宜作园林绿篱、盆景等。

野牡丹 野牡丹科，野牡丹属

Melastoma candidum D. Don

灌木，高达 2 m。分枝多。叶厚纸质，卵形或宽卵形，全缘；7 出脉，叶两面被糙伏毛外，还有短柔毛。花 3~5 朵排成顶生、近头状花序状或伞房状的聚伞花序，花瓣倒卵形，玫瑰红色或粉红色。蒴果卵球形，包于花萼筒中。花期 5~7 月，果期 10~12 月。

产于东莞谢岗（银瓶嘴）、塘厦（大屏嶂），樟木头（观音山）。生于林下或灌丛中。分布于中国华南地区及台湾、福建、云南。印度、越南、日本也有分布。

根、叶入药，有清热利湿、消肿止痛，散瘀止血的功效。花大而艳丽，可孤植、片植或丛植布置园林。

地稔 野牡丹科，野牡丹属

Melastoma dodecandrum Lour.

多年生草本或亚灌木，长 10~40 cm。茎匍匐上升，逐节生根。叶片坚纸质，卵形或椭圆形。聚伞花序顶生，有花 1~3 朵，基部有 2 个叶状总苞，花瓣淡紫红色至紫红色，菱状倒卵形。蒴果坛状球形，肉质，不开裂。宿存萼疏被糙伏毛。花期 5~7 月，果期 7~9 月。

产于东莞樟木头（观音山）、谢岗（银瓶嘴）、塘厦（大屏嶂）。生于低海拔山坡草丛、溪边旷地。分布于中国广东、广西、江西、福建、浙江、贵州等省区。越南也有分布。

全株入药，有清热解毒、活血化瘀的功效。果可食。常用于园林地被。

黄牛木（雀笼木）金丝桃科，黄牛木属

Cratoxylum cochinchinense (Lour.) Bl.

灌木或小乔木。叶对生，纸质或革质，椭圆状长圆形或狭椭圆形，全缘，叶背有透明腺点及黑点。聚伞花序腋生或腋外生，花红色，花瓣5枚，倒卵形。蒴果椭圆形，室背开裂。种子1侧具翅。花期4~5月，果期6月后。

产于东莞清溪林场（三坑）、大岭山（石洞景区）、樟木头（观音山）。生于丘陵或山地、次生林或疏林中。分布于中国广东、广西、云南。缅甸、泰国、越南、马来西亚、印度尼西亚、菲律宾等地也有分布。

嫩叶、根、树皮入药，有健胃、清热解毒的功效。材用，木质坚硬，纹理精致，供雕刻用。幼果可作烹调香料，嫩叶可作代用茶。树冠整齐，花形美丽，可作行道树。

地耳草（田基黄）金丝桃科，金丝桃属

Hypericum japonicum Thunb. ex Murray

一年生纤细草本。叶卵形或卵状披针形，基部稍呈心形，抱茎。聚伞花序着生于小枝顶端，花黄色，花瓣椭圆形至倒卵形，约与萼片等长；花丝线状，基部合生。蒴果椭圆形，成熟时开裂为 3 果瓣。种子黄褐色。花期 3~8 月，果期 6~10 月。

产于东莞樟木头（金河村上南水库）。生于山地、水旁、沙土。分布于中国华南、华中及华东地区。东南亚、东亚也有分布。

全草入药，有清热利湿、止血消肿、散瘀止痛的功效。用于肝炎、眼结膜炎、湿热黄疸；外用治疮疖肿毒、带状疱疹。

破布叶（布渣叶）椴树科，破布叶属

Microcos paniculata L.

灌木或小乔木。叶纸质，卵形或卵状长圆形，上面无毛，边缘有小锯齿。花序大，顶生或生于上部叶腋内，花瓣5片，淡黄色。核果近球形或倒卵形，黑褐色，无毛。花期4~9月，果期11~12月。

产于东莞清溪林场（三坑）、大岭山（石洞景区）、虎门（威远炮台）、樟木头（金河村上南水库）。生于山坡、沟谷及路边灌丛。分布于中国华南及西南地区。印度及印度尼西亚、中南半岛也有分布。

叶药用，有消热解毒、消食积的功效，主治感冒、消化不良、腹胀、黄疸、蜈蚣咬伤等。

山芝麻 梧桐科，山芝麻属

Helicteres angustifolia L.

小灌木。小枝被灰绿色短柔毛。叶狭长圆形或条状披针形，下面被星状茸毛，间或混生刚毛。聚伞花序有花 2 至数朵，淡红色或紫红色，基部有两个耳状附属体。蒴果卵状长圆形，密被星状毛及混生长茸毛。种子褐色。花、果期几全年。

东莞各地常见。分布于中国广东、香港、澳门、广西、江西、福建、台湾、湖南、贵州、云南。东南亚也有分布。

小毒。根入药，有解表清热、消肿解毒的功效；叶捣烂外敷治疮疖。茎皮纤维为混纺原料。

磨盘草 锦葵科，苘麻属

Abutilon indicum (L.) Sweet

一年生或多年生亚灌木。全株被灰白色星状毛。叶卵圆形至阔卵形，基部心形；托叶线形。花黄色，单生于叶腋；花梗细长；花萼浅盘状。果扁球形，顶部截平，被星状粗毛，最后分果逐一脱落。种子肾形。花期6~11月。

东莞各地常见。生于旷野或路边。分布于中国长江以南各省。热带和亚热带地区有分布。

全草或根入药，有疏风清热、益气通窍、祛痰利尿的功效。茎皮纤维可供编织用。

方叶五月茶（旱禾树）大戟科，五月茶属

Antidesma ghaesembilla Gaertn.

乔木，高达 10 m。小枝密被黄色短柔毛。叶纸质，椭圆形或卵圆形，上面叶脉上疏生茸毛，下面脉上被短柔毛。花序顶生或腋生，各部均密被黄色短柔毛，苞片披针形。核果近圆球形。花期 3~5 月，果熟期 10~11 月。

产于东莞黄江（黄牛埔水库）。生于海拔 50~750 m 的丘陵、山地疏林或次生林中。分布于中国华南地区及云南。亚洲东部和东南部及澳大利亚北部也有分布。

供药用，叶可治小儿头痛；茎有通经之效；果可通便。

黑面神（鬼画符）大戟科，黑面神属

Breynia fruticosa (L.) Hook. f.

灌木，高 1~3 m。叶革质，菱状卵形、卵形或阔卵形，下面通常粉绿色，托叶三角形。花小，2~4 朵簇生于叶腋，雄花位于小枝下部花萼倒圆锥状，雌花位于小枝上部花萼钟状。蒴果圆球形，绿色，宿萼杯状。种子三棱状，具红色种皮。花期 4~9 月，果期 5~12 月。

东莞各地常见。生于平原区缓坡至山地海拔 450 m 以下的山坡疏林或次生林或路旁干旱灌丛中。分布于中国华南、华东及西南地区。越南、泰国也有分布。

根和叶入药，有散瘀、止痛、止痒的功效，治肠胃炎、咽喉肿痛、感冒发热等，枝、叶外洗可治湿疹、皮炎等。

土蜜树（逼迫子）大戟科，土蜜树属

Bridelia tomentosa Bl.

灌木或小乔木。树皮深灰色，枝条细长。叶薄革质，长圆形、长椭圆形或卵状长圆形下面被柔毛。花雌雄同株，多朵组成腋生的团伞花序；核果近球形，2室，成熟时黑色，果梗短，被柔毛。种子褐红色。花、果期几乎全年。

东莞各地常见。生于平原区、低山区或海岛的次生林或林缘、村旁、灌木林中。分布于中国华南及西南地区。亚洲东南部各国及印度、澳大利亚也有分布。

叶入药，可治外伤出血、跌打损伤；根可治感冒、神经衰弱、月经不调。蜜源植物，可供观赏。

毛果算盘子（漆大姑）大戟科，算盘子属

Glochidion eriocarpum Champ. ex Benth.

灌木，高达 5 m。小枝密被淡黄色、扩展的长柔毛。叶纸质，卵形、狭卵形或宽卵形，两面均被长柔毛，下面被毛较密。花单生或 2~4 朵簇生于叶腋内，雌花生于小枝上部，雄花则生于下部。蒴果扁球状，4~5 室，密被长柔毛。花、果期几乎全年。

产于东莞清溪林场（三坑）、塘厦（大屏嶂林场）、大岭山（茶山顶）。生于海拔 30~300 m 的山坡、山谷灌木林中或林缘。分布于中国华南、华中及西南地区。越南、泰国也有分布。

全株供药用，有解漆毒、收敛止泻、祛湿止痒等功效。果奇特，株型美观，可供园林观赏。

牛耳枫 交让木科，交让木属

Daphniphyllum calycinum Benth.

灌木，1.5~4 m。小枝灰褐色，具稀疏皮孔。叶纸质，椭圆形、倒卵状椭圆形或阔椭圆形，先端具短尖头。总状花序腋生，雄花花萼盘状，雌花苞片卵形。果序密集排列，果卵圆形，较小，被白粉，具小疣状凸起，先端具宿存柱头。花期4~6月，果期8~11月。

东莞各地常见。生于海拔(60)250~700 m的疏林或灌丛中。分布于中国长江以南地区。越南北部和日本也有分布。

根、叶入药，有祛风止痛、活血散瘀、抗炎、抗肿瘤的作用。种子榨油可制肥皂或作润滑油。

常山 绣球花科，常山属

Dichroa febrifuga Lour.

灌木，高 1~2 m。小枝常带肉质，圆柱形或微具 4 棱，常带紫红色。叶形变异较大，常椭圆形、倒卵形或披针形，边缘有粗齿或锯齿。伞房状圆锥花序顶生，花蓝色或白色，长圆状椭圆形，稍肉质。浆果蓝色。种子长约 1 mm，具网纹。花期 2~4 月，果期 5~8 月。

东莞各地常见。生于山地林下湿润处。分布于中国华南、华中、西南地区。南亚至东南亚也有分布。

叶、根入药，能抗疟、解热。花、果蓝色，适宜盆栽观赏。

冠盖藤 绣球花科，冠盖藤属

Pileostegia viburnoides Hook.f. et Thomson

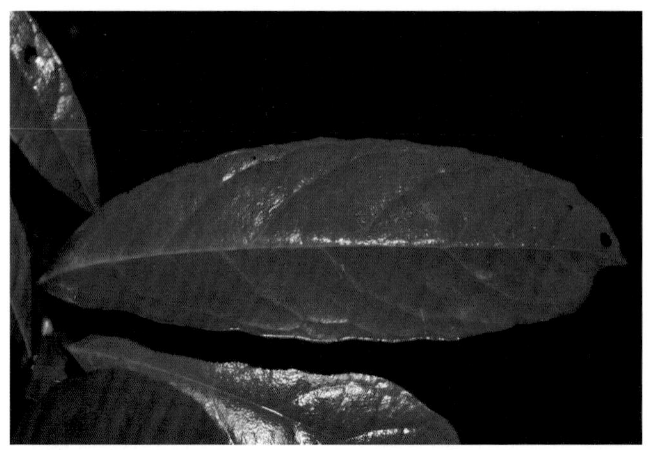

木质藤本，高攀树上，长达 15 m。叶对生，薄革质，披针状椭圆形至长椭圆状倒卵形。圆锥花序顶生，无毛或稍被褐锈色微柔毛，花瓣 4~5 枚，白色，花药近扁球形。蒴果陀螺状，平顶，长 2~3 mm。花期 7~8 月，果期 9~12 月。

产于东莞谢岗（银瓶嘴）。生于山谷林缘和溪边，攀缘于树上或石上。分布于中国华南、华中、西南及华东地区。印度、越南和日本也有分布。

根入药，有消肿解毒、舒筋活络的功效。吸附攀缘能力强，适宜石壁、绿廊的立体绿化。

石斑木（车轮梅）蔷薇科，石斑木属

Rhaphiolepis indica (L.) Lindl. ex Ker

灌木，稀小乔木，高 1~4 m。叶常聚生于枝顶，革质，卵形、长卵形或卵状披针形，边缘有细钝锯齿。圆锥花序或总状花序顶生，总花梗和花梗被锈色茸毛，花瓣白色或粉红色。果球形，紫黑色。花期 2~4 月，果期 7~8 月。

产于东莞清溪镇（狮子山）、谢岗镇（南面村银瓶嘴）、大岭山（石洞景区）、樟木头（观音山）。生于山地和丘陵灌丛或林中。分布于中国华南、华东至西南地区。中南半岛也有分布。

根入药，可治跌打损伤。木材可作器具。果可食。花美丽，可作绿篱、盆景观赏。

金樱子 蔷薇科，蔷薇属

Rosa laevigata Michx.

攀缘灌木。小枝粗壮，有疏钩刺。小叶革质，常3片，稀5片，椭圆状卵形、倒卵形或披针状卵形，边缘有锐锯齿。花大，白色，单生于叶腋。果梨形、倒卵形，稀近球形，紫褐色，外密被刺毛，萼裂片宿存。花期4~6月，果期7~11月。

东莞各地常见。生于低海拔至中海拔的山地、丘陵、平地的林中或灌丛。分布于中国华南、华中、华东、西南地区及陕西。

果可熬糖及酿酒；根有活血散瘀、祛风除湿、解毒、收敛及杀虫的功效；叶外用治疮疖、烧烫伤；果可治腹泻，并对流感病毒有抑制作用。攀缘能力强，适宜边坡生态修复，用作营造绿廊、花棚。

粗叶悬钩子 蔷薇科，悬钩子属

Rubus alceaefolius Poir.

攀缘灌木。枝被锈色茸毛，有疏刺。单叶，纸质或近革质，心状卵形或心状圆形，不规则3~7裂，裂片长圆状卵形。花组成腋生和顶生的狭圆锥或总状花序，稀为单生，花白色。果近球形，直径1.8 cm，肉质，红色。花期3~10月，果期6~12月。

东莞各地常见。生于山地、丘陵、平地的林中或灌丛。分布于中国华中、华东、华南及西南地区。日本及东南亚也有分布。

根和叶入药，有活血去瘀、清热止血之效。果可食。

高粱泡 蔷薇科，悬钩子属

Rubus lambertianus Ser.

半落叶藤状灌木，高达 3 m。幼枝有微弯小皮刺。单叶宽卵形，上面疏生柔毛或沿叶脉有柔毛，下面被疏柔毛，边缘有细锯齿。圆锥花序顶生，生于枝上部叶腋内的花序常近总状，花白色。果实小，近球形，由多数小核果组成。花期 7~8 月，果期 9~11 月。

生于低海拔山坡、山谷或路旁灌木丛中阴湿处或生于林缘及草坪。分布于中国华南、华东、华中地区。日本也有分布。

果熟后食用及酿酒；根叶供药用，有清热散毒、止血之效；种子药用，也可榨油。

茅莓（牙鹰簕）蔷薇科，悬钩子属

Rubus parvifolius L.

攀缘灌木。枝被柔毛和小钩刺。指状或羽状复叶，小叶3片，稀5片，卵形、卵状披针形或菱状圆形，边缘有不规则的粗锯齿和浅裂。圆锥花序顶生或单生于上部叶腋内，花粉红色，倒卵形。果球形，红色，直径1~1.5 cm。花期4~6月，果期6~8月。

东莞各地常见。生于低海拔至中海拔的路旁、山谷、荒坡、林中或灌丛中。分布于中国各地。日本、朝鲜、越南也有分布。

根入药，浸酒可养筋活血。果成熟时酸甜可食。

空心泡（蔷薇莓）蔷薇科，悬钩子属

Rubus rosaefolius Smith

直立或攀缘灌木，高 2~3 m。枝柔弱，常有黄色腺点。羽状复叶，小叶 5~7 片，卵状披针形或披针形。花单生或有时为短总状花序，白色，长圆形、长倒卵形或近圆形。果球形或卵形，红色，有光泽。核有深窝点。花期 3~5 月，果期 6~7 月。

东莞各地常见，产于谢岗（银瓶嘴、石鼓水库尾）。生于海拔 50~500 m 的丘陵、山地林中或灌丛。分布于中国华南、华中、华东及西南地区。非洲、大洋洲及亚洲南部至东南部和日本也有分布。

根、嫩枝及叶入药，有清热止痰、止血、祛风湿之效。果可食，风味独特。花白果红，株型美观，适宜布置花坛、花境和庭院。

猴耳环（鸡心树）含羞草科，猴耳环属

Archidendron clypearia (Jack) I. C. Nielsen

乔木，高可达 10 m。小枝有棱角，密被茸毛。2 回羽状复叶，叶轴上及叶柄近基部处有腺体；小叶革质，斜菱形。花数朵聚成小头状花序，再排成顶生和腋生的圆锥花序；花冠白色或淡黄色。荚果旋卷，边缘在种子间缢缩。种子椭圆形，黑色。花期 2~6 月，果期 4~8 月。

产于东莞谢岗（石鼓水库）、樟木头（金河村上南水库）、大岭山（石洞景区）。生于山地、路旁或密林中。分布于中国华南、华东等省区。亚洲热带地区广泛分布。

枝、叶入药，有消炎生肌、祛风除湿的功效。树皮含单宁，可提取栲胶。树冠卵球形，枝叶茂密，果形奇特，可作园林观赏树种。种子生、熟均可食用。

龙须藤（乌郎藤）苏木科，火索藤属

Phanera championii Benth.

藤本。小枝被锈色短柔毛，卷须单生或对生。叶纸质，叶卵形或心形，先端锐渐尖，圆钝，微凹或2浅裂，裂片不等。总状花序狭长，腋生，花瓣白色，具瓣柄，花瓣片匙形。荚果倒卵状长圆形或带状。种子2~5颗，圆形，扁平。花期6~10月，果期7~12月。

产于东莞樟木头（观音山）、清溪林场（三坑）。生于山谷疏林、灌丛中。分布于中国华南、华东、西南等省区。东南亚也有分布。

根和老茎供药用，有活血、散瘀、活络、镇静、止痛等功效。适用于美化大型棚架、绿廊、墙垣、山石、边坡等。

望江南（野扁豆）苏木科，决明属

Senna occidentalis (Linnaeus) Link

亚灌木或灌木，高 0.8~1.5 m。羽状复叶，叶柄近基部有大而带褐色、圆锥形的腺体 1 枚；小叶 4~5 对，膜质，卵形至卵状披针形。花数朵组成伞房状总状花序，腋生和顶生，花瓣黄色。荚果带状镰形，褐色。种子之间具隔膜。花期 4~8 月，果期 6~10 月。

东莞各地常见。生于旷野或疏林中。分布于中国东南部、南部至西南部。原产于美洲热带地区，现广泛分布于全球热带和亚热带地区。

各部富含单宁，在医药上常用作缓泻剂，治胃病及哮喘，种子炒过后有驱虫功效；鲜叶揉碎能治毒蛇咬伤，但对牲畜有害。

决明（假花生）苏木科，决明属

Senna tora (Linnaeus) Roxburgh

一年生亚灌木状草本，高 1~2 m。羽状复叶，叶轴上每对小叶间有棒状的腺体 1 枚；小叶 3 对，膜质，顶端圆钝而有小尖头，偏斜。花腋生，通常 2 朵聚生，花瓣黄色，下面 2 枚略长。荚果纤细，近四棱形。种子菱形，光亮。花、果期 8~11 月。

东莞各地常见栽培。生于旷野中。分布于中国长江以南各省区。原产于美洲热带地区，现广泛分布于全世界热带、亚热带地区。

有明目之效，故称决明。种子为解热缓泻剂，又可产蓝色染料。嫩苗、叶和嫩果可食。可制保健品，如决明子睡眠枕、决明子药酒。

广州相思子（鸡骨草）蝶形花科，相思子属

Abrus pulchellus subsp. cantoniensis (Hance) Verdcourt

木质小藤本，高 1~2 m。茎细长，嫩时密被黄褐色短粗毛。偶数羽状复叶，互生，有小叶 7~12 对。总状花序腋生，短小，花冠淡紫红色，旗瓣卵状椭圆形，翼瓣、龙骨瓣与旗瓣等长。荚果较小，长圆形，扁平。种子，黑褐色或黄褐色。花期 7~8 月，果期 10~12 月。

产于东莞谢岗（南面村芒头排）。生于山谷、路旁疏林、灌丛中。分布于中国广东、香港、广西、湖南等地。泰国也有分布。

根、茎、叶入药，有清热利尿、舒肝散瘀的功效，用于治疗湿热黄疸、膀胱湿热引起的小便刺痛、胃痛和黄疸型肝炎等症。民间常用根、茎作药膳。种子有剧毒，不可服用。

毛相思子（毛鸡骨草）蝶形花科，相思子属

Abrus pulchellus subsp. mollis (Hance) Verdc.

缠绕藤本。茎和枝柔弱，疏被黄色长柔毛。偶数羽状复叶，长圆形，两面被长柔毛。总状花序腋生，被淡黄色长柔毛，花冠粉红色或淡紫色。荚果长圆形，扁平，密被白色长柔毛。种子卵形，扁平，黑褐色或黑色。花期1~8月，果期6~11月。

东莞各地常见。生于山谷疏林或灌丛中。分布于中国华南及福建等地。

根、茎、叶均可入药，功效与广州相思子相似。

木豆（三叶豆）蝶形花科，木豆属

Cajanus cajan (L.) Millsp.

直立灌木，高 1~3 m。多分枝，小枝有明显纵棱，被灰色短柔毛。叶具羽状 3 小叶，小叶纸质，披针形至椭圆形。总状花序数朵生于花序顶部或近顶部；花萼钟状，花冠黄色。荚果线状长圆形。种子近圆形，种皮暗红色。花、果期 2~11 月。

产于大岭山（金鸡咀水库边），逸为野生。分布于中国华南、华东、西南等省区。原产地可能为印度。世界热带和亚热带地区普遍栽培。

种子供食用，常作面点馅料；叶可作家畜饲料、绿肥；根入药能清热解毒；为紫胶虫的优良寄主植物。

蔓草虫豆 蝶形花科，木豆属

Cajanus scarabaeoides (L.) Thouars

蔓生或缠绕状草质藤本，长可达 2 m。叶具羽状 3 小叶，小叶纸质或近革质，下面有腺状斑点，两面薄被褐色短柔毛。总状花序腋生，花冠黄色。荚果长圆形，密被长毛。种子椭圆状，种皮黑褐色，有凸起的种阜。花期 9~10 月，果期 11~12 月。

产于虎门（路东）、虎门（沙角炮台）、谢岗（南面村路边）。生于旷野、山坡草丛中。分布于中国华南、华东等省区。热带亚洲、大洋洲及非洲等地也有分布。

叶入药，有健胃、解暑利尿、止血生肌的功效。在亚热带地区可作优良牧草。

香花崖豆藤（山鸡血藤）蝶形花科，鸡血藤属

Callerya dielsiana (Harms) P. K. Loc ex Z. Wei & Pedley

木质藤本。羽状复叶，小叶2对，厚纸质，披针形、椭圆形或卵状长椭圆形，上面无毛，下面被平伏柔毛或无毛。圆锥花序顶生，花枝开展，花序轴被黄褐色柔毛，花冠紫红色。荚果狭长椭圆形，扁平，被灰色茸毛。种子长圆状凸镜形。花期5~9月，果期6~11月。

产于谢岗（银瓶嘴保护区）、樟木头（观音山）、樟木头（金河村上南水库）、清溪（清溪林场十二排石禾坪、三坑）。生于山坡杂木林、溪边、灌丛、路旁。分布于中国华南、华东、西南及西北地区。越南、老挝也有分布。

根、茎入药，有止血补血、活血通络之效。花、果美观，攀缘能力强，可作立体绿化。藤可编制成工艺品。

猪屎豆 蝶形花科，猪屎豆属

Crotalaria pallida Ait.

多年生草本或呈灌木状。叶为三出掌状复叶，小叶长圆形或椭圆形，先端钝圆或微凹。总状花序顶生，花萼近钟形，花冠黄色，伸出萼外，旗瓣圆形或椭圆形，翼瓣长圆形。荚果长圆形，幼时被毛，成熟后脱落，果瓣开裂后扭转。花、果期 9~12 月。

东莞各地常见。生于低海拔旷野。分布于中国华南、华中、华东地区。广泛分布于全世界热带地区。

全草药用，有散结、清湿热的功效。可作绿肥、饲料等。

藤黄檀（紫檀）蝶形花科，黄檀属

Dalbergia hancei Benth.

大型木质藤本。奇数羽状复叶，小叶7~13片，先端钝或圆，微凹。圆锥花序腋生，花冠绿白色，芳香；花萼阔钟状；旗瓣椭圆形，翼瓣与龙骨瓣长圆形。荚果扁平，长圆形或带状。种子肾形，极扁平。花期4~5月，果期7~8月。

产于樟木头镇（金河村上南水库）、虎门、大岭山（石洞景区）、樟木头（观音山）。生于山地林中或溪边。分布于中国华南、华东等省区。

茎、根入药，有理气止痛的功效。植株高大，攀附力强，适宜作道路边坡、石壁和亭廊绿化。

鸡头薯（猪仔笠）蝶形花科，鸡头薯属

Eriosema chinense Vogel

多年生直立草本，高 20~50 cm。块根纺锤形，肉质。叶仅具单小叶，披针形。总状花序腋生，极短，通常有花 1~2 朵，花冠淡黄色；旗瓣倒卵形，背面略被丝质毛，翼瓣倒卵状长圆形，一侧具短耳，龙骨瓣比翼瓣短。荚果菱状椭圆形。花期 5~6 月，果期 7~10 月。

东莞各地常见。生于旷野草坡上。分布于中国华南、华东等省区。东南亚也有分布。

块根入药，有滋阴、清热解毒、祛痰、消肿等功效。块根可供食用和提取淀粉。

大叶千斤拔 蝶形花科，千斤拔属

Flemingia macrophylla (Willd.) Kuntze

直立灌木。叶具指状3小叶；托叶大，披针形，常早落；小叶纸质或薄革质，顶生小叶宽披针形至椭圆形；叶柄具狭翅长。总状花序常数个聚生于叶腋，常无总花梗，花多而密集，花冠紫红色。荚果椭圆形，褐色，略被短柔毛。种子近球形。花期6~9月，果期10~12月。

东莞各地常见。生于旷野灌丛中。分布于中国华南、华中、西南等省区。东南亚也有分布。

根入药，有祛风活血、强腰壮骨、治风湿骨痛的功效。

千斤拔（蔓千斤拔）蝶形花科，千斤拔属

Flemingia prostrata C. Y. Wu

直立或披散亚灌木。叶具指状 3 小叶；托叶线状披针形；小叶厚纸质，长椭圆形或卵状披针形，上面被疏短柔毛，背面密被灰褐色柔毛。总状花序腋生，各部密被灰褐色至灰白色柔毛，花冠紫红色。荚果椭圆状。花、果期 5~10 月。

产于谢岗（麻雀坑）。生于旷野灌丛中。分布于中国华南、华中等省区。菲律宾也有分布。

根入药，功效同大叶千斤拔。

广东金钱草 蝶形花科，假地豆属

Grona styracifolia (Osbeck) H. Ohashi & K. Ohashi

直立亚灌木状草本。叶通常单小叶，有时 3 小叶，小叶纸质至近革质，圆形或近圆形至宽倒卵形。总状花序短，顶生或腋生，花冠紫红色；旗瓣倒卵形或近圆形，翼瓣倒卵形，龙骨瓣较翼瓣长。荚果，腹缝线直，背缝线波状，荚节近方形，扁平，具网纹。花、果期 6~9 月。

东莞各地常见。生于山坡。分布于中国广东、香港、广西、云南。东南亚也有分布。

全株入药，有清热去湿、利尿、排石的功效。

美丽胡枝子 蝶形花科，胡枝子属

Lespedeza thunbergii subsp. formosa (Vogel) H. Ohashi

直立灌木，高 1~2 m。茎多分枝，枝条伸展。羽状复叶具 3 小叶，小叶长圆状椭圆形或卵形，上面绿色，稍被短柔毛，下面淡绿色，贴生短柔毛。总状花序腋生，或构成顶生的圆锥花序，花冠红紫色。荚果倒卵形或倒卵状长圆形。花期 7~9 月，果期 9~10 月。

东莞各地常见。生于丘陵山地或路旁灌丛中。分布于中国大部分省区。印度、朝鲜、日本也有分布。

茎、叶入药，有清热、利尿的功效，主治小便不利。嫩叶和花可食用。可作园林观赏、水土保持和蜜源植物。

白花油麻藤（禾雀花）蝶形花科，黧豆属

Mucuna birdwoodiana Tutcher

大型木质藤本。老茎外皮灰褐色，断面淡红褐色。羽状复叶具3小叶，小叶近革质。总状花序生于老枝上或叶腋，有花20~30朵，常呈束状，花冠白色或带绿白色。果木质，带形。种子近肾形，深紫黑色，有光泽。花期4~6月，果期6~11月。

产于清溪（清溪林场三坑）、樟木头（观音山）、谢岗（银瓶嘴）、大岭山（石洞景区）。生于山地林中、路旁、溪边。分布于中国华南、华东及西南地区。

藤茎入药，可通经络、强筋骨，但种子有毒。花似禾雀，观赏价值高，适宜用于大型绿廊、花架。花可食用。

南海藤（牛大力、美丽崖豆藤）蝶形花科，南海藤属

Nanhaia speciosa (Champ. ex Benth.) J. Compton & Schrire

木质藤本或攀缘灌木状，树皮褐色。羽状复叶，小叶通常6对，硬纸质，长圆状披针形或椭圆状披针形；上面无毛，下面被锈色柔毛或无毛。圆锥花序腋生，花冠白色、米黄色至淡红色，有香气。荚果线状，有种子4~6粒。花期7~10月，果期翌年2月。

产于谢岗（南面村）、樟木头、清溪（清溪林场三坑）。生于灌丛或疏林中。分布于中国华南、华东及西南地区。越南也有分布。

根入药，有健脾、补肾、舒筋活络、抗氧化、抗疲劳等功效。其根常做药酒、药膳。

毛排钱树 蝶形花科，排钱树属

Phyllodium elegans (Lour.) Desv.

灌木。茎、枝和叶柄均密被黄色茸毛。小叶革质，顶生小叶卵形、椭圆形至倒卵形，侧生小叶斜卵形，长比顶生小叶约短 1 倍，两面均密被茸毛。花通常 4~9 朵，组成伞形花序生于叶状苞片内，叶状苞片排列为圆锥花序状，苞片与总轴均密被黄色茸毛；花冠白色或淡绿色。荚果密被银灰色茸毛。种子椭圆形。花期 7~8 月，果期 10~11 月。

东莞各地常见。生于平原、丘陵荒地或山坡草地上。分布于中国广东、香港、广西、福建、云南。东南亚也有分布。

根、叶或全株入药，有消炎、活血利尿、散瘀消肿、祛湿热等功效。

排钱树 蝶形花科，排钱树属

Phyllodium pulchellum (L.) Desv.

灌木。小枝被白色或灰色短柔毛。小叶革质，顶生小叶卵形，椭圆形或倒卵形，侧生小叶约比顶生小叶小 1 倍，上面近无毛，下面疏被短柔毛。伞形花序有花 5~6 朵，藏于叶状苞片内，叶状苞片排列成总状圆锥花序状；叶状苞片圆形，两面略被短柔毛及缘毛；花冠白色或淡黄色。荚果通常有荚节 2。种子宽椭圆形或近圆形。花期 7~9 月，果期 10~11 月。

东莞各地常见。生于旷野中。分布于中国广东、香港、澳门、广西、福建、台湾、云南。东南亚、澳大利亚也有分布。

药用，功效同毛排钱树。

葛 蝶形花科，葛属

Pueraria montana var. lobata (Willdenow) Maesen & S. M. Almeida ex Sanjappa & Predeep

粗壮藤本。全体被黄色长硬毛，茎基部木质，具块状根。羽状复叶具3小叶，小叶三裂，偶尔全缘，顶生小叶宽卵形或斜卵形。总状花序，花冠长紫色，旗瓣倒卵形，翼瓣镰状，较龙骨瓣为狭。荚果长椭圆形，扁平，被褐色长硬毛。花期9~10月，果期11~12月。

东莞各地常见。生于山地林缘。分布于中国南北各地。东南亚至澳大利亚也有分布。

根可食，供药用，有解表退热、生津止渴之效。

鹿藿 蝶形花科，鹿藿属

Rhynchosia volubilis Lour.

缠绕草质藤本。叶为羽状或有时近指状3小叶，小叶纸质，顶生小叶菱形或倒卵状菱形，侧生小叶较小。总状花序，花冠黄色；旗瓣近圆形，翼瓣倒卵状长圆形，龙骨瓣具喙。荚果长圆形，红紫色。种子通常2颗，椭圆形或近肾形。花期5~8月，果期9~12月。

东莞偶见。生于山坡、路旁草丛中。分布于中国长江以南地区。朝鲜、日本、越南也有分布。

根或全草入药，有消积散结、消肿止痛、舒筋活络的功效。用于治疗小儿疳积、牙痛、神经性头痛、腰肌劳损等。

葫芦茶 蝶形花科，葫芦茶属

Tadehagi triquetrum (L.) Ohashi

灌木或亚灌木。叶仅具单小叶，叶柄两侧有宽翅。总状花序顶生和腋生，花冠淡紫色或蓝紫色，伸出萼外；旗瓣近圆形，翼瓣倒卵形，龙骨瓣镰刀形，瓣柄与瓣片近等长。荚果全部密被黄色或白色糙伏毛，有近方形荚节。种子宽椭圆形或椭圆形。花期 6~10 月，果期 10~12 月。

东莞各地常见。生于山地林缘、荒地、路旁的灌丛或草丛中。分布于中国华南、福建、云南、贵州等地。广泛分布于亚洲热带地区和澳大利亚。

全株入药，可清热解毒、健脾消食、利湿退黄、消积杀虫。常用于治疗中暑烦渴、感冒发热、小儿疳积、黄疸、钩虫病等。

猫尾草 蝶形花科，狸尾豆属

Uraria crinita (L.) Desv. ex DC.

直立亚灌木，高 1~1.5 m。奇数羽状复叶，茎下部小叶通常为 3，上部为 5，少有为 7，小叶近革质。总状花序顶生，粗壮，密被灰白色长硬毛；花梗弯曲，被短钩状毛和白色长毛；花冠紫色。荚果略被短柔毛。花、果期 4~9 月。

东莞各地常见。多见于旷野坡地及路旁灌丛中。分布于中国华南、华东及云南。广泛分布于亚洲热带地区和澳大利亚北部。

全草入药，有散瘀止血、清热止咳、凉血止血的功效。民间称其根为“石参”，常作药膳。花形花色美观，适宜布置花坛、花境，也可作盆栽观赏。

丁癸草（二叶丁癸草）蝶形花科，丁癸草属

Zornia gibbosa Span.

多年生、纤弱多分枝草本，高 20~50 cm。托叶披针形，有明显的脉纹，基部具长耳；小叶 2 枚，卵状长圆形、倒卵形至披针形，背面有褐色或黑色腺点。总状花序腋生，花冠黄色。荚果通常长于苞片，荚节近圆形，表面具明显网脉及针刺。花期 4~7 月，果期 7~9 月。

东莞偶见。生于田边、村边稍干旱的旷野草地上。分布于中国广东、香港、广西、福建、四川。日本、缅甸、尼泊尔、印度至斯里兰卡也有分布。

全草入药，有清热解毒、凉血的功效，用于治疗感冒、咽喉炎、疮痈肿痛、舌伤等症。也可作牧草。

藤构 桑科，构属

Broussonetia kaempferi Sieb

蔓生藤状灌木。树皮黑色，小枝显著伸长。叶互生，螺旋状排列，近对称的卵状椭圆形，叶柄被毛。花雌雄异株；雄花序短穗状，雌花集生为球形头状花序，花柱线形，延长。聚花果直径 1 cm。花期 4~6 月，果期 5~7 月。

产于东莞樟木头（观音山）、谢岗（石鼓水库）。生于山谷灌木丛中或沟边。分布于中国华南、华东、华中、西南等地。

根、叶入药，有清热利尿、活血消肿的功效。韧皮纤维为造纸优良原料。叶可作猪饲料。

粗叶榕（五指毛桃）桑科，榕属

Ficus hirta Vahl.

灌木或小乔木。叶互生，纸质，多型，长椭圆状披针形或广卵形，边缘具细锯齿，有时全缘或3~5浅裂，表面疏生贴伏硬毛。榕果成对腋生或生于已落叶枝上，球形或椭圆球形；雌花果球形，雄花及瘿花果卵球形。瘦果椭圆状球形。

产于东莞塘厦(大屏嶂老虎岩、大屏嶂林场苗圃)、清溪林场(三坑)。生于山地灌丛或旷野。分布于中国华南、西南等地。越南、缅甸及印度东北部也有分布。

根入药，有益气健脾、利湿舒筋、通乳的功效。其根在民间被称为“五指毛桃”，为常用药膳材料。

薜荔 桑科，榕属

Ficus pumila L.

攀缘或匍匐灌木。叶两型，不结果枝节上生不定根，叶卵状心形，薄革质；结果枝上无不定根，叶革质，卵状椭圆形，背面被黄褐色柔毛。榕果单生于叶腋，瘿花果梨形；榕果幼时被黄色短柔毛，成熟时黄绿色或微红；瘦果近球形，有黏液。花、果期5~8月。

东莞各地常见，产于虎门。生于旷野或村边。分布于中国华南、西南、华东地区及台湾等地。日本和越南北部也有分布。

茎、叶入药，有祛风除湿、活血通络的作用。瘦果可加工成凉粉食用。藤蔓可用来编织和作造纸原料。

葨芝（构棘、穿破石）桑科，柘属

Maclura cochinchinensis (Loureiro) Corner

直立或攀缘状灌木。枝无毛，具粗壮弯曲无叶的腋生刺。叶革质，椭圆状披针形或长圆形。花雌雄异株，雌雄花序均为具苞片的球形头状花序。聚合果肉质，直径 2~5 cm，表面微被毛，成熟时橙红色。核果卵圆形，成熟时褐色，光滑。花期 4~5 月，果期 6~7 月。

产于东莞谢岗（银瓶嘴芒头坑、观音座莲、大屏嶂）、清溪林场（三坑）。生于低海拔至中海拔的山谷、丘陵、旷野灌丛或林中。分布于中国东南部至西南部。东南亚及非洲东部和澳大利亚等地也有分布。

根入药，有止咳化痰、祛风利湿、散瘀止痛的功效，治肺结核、黄疸型肝炎、风湿性腰腿痛等；外用可治跌打损伤。

糯米团 荨麻科，糯米团属

Gonostegia hirta (Bl.)Miq.

多年生草本，有时茎基部变木质。茎蔓生、铺地或渐升。叶对生，草质或纸质，宽披针形至狭披针形。团伞花序腋生，通常两性，有时单性，雌雄异株；雄花花被片5，倒披针形；雌花花被菱状狭卵形，顶端有2个小齿。瘦果卵球形，白色或黑色，有光泽。花期5~9月。

东莞各地常见，产于清溪林场、樟木头（观音山）、大岭山林场（茶山顶）。生于低山林中、灌丛中及沟边草地。分布于中国华南地区及云南和西藏东南部、陕西南部等地。澳大利亚也有分布。

根、茎或叶入药，有健脾消食、清热利湿、解毒消肿的功效，主治食积胃痛、乳腺炎等。茎皮纤维可制人造棉，供混纺或单纺。嫩叶可食。

梅叶冬青（秤星树）冬青科，冬青属

Ilex asprella (Hook. et Arn.) Champ. ex Benth.

落叶灌木。具长短枝，枝条具浅色皮孔。叶膜质，在长枝上互生，在短枝上簇生于枝顶，卵形或椭圆形，边缘具锯齿。雄花2~3朵成束或单生于叶腋或鳞片内；雌花单生于叶腋与鳞片内；花冠白色。果黑色，球形，具纵向沟槽。花期3月，果期4~10月。

产于东莞樟木头（观音山）、谢岗（石鼓水库石峡保护区）、大岭山（石洞景区）、清溪林场（三坑、杨桥坑）。生于丘陵山坡灌丛中。分布于中国华东、华南地区。菲律宾也有分布。

根、叶入药，有清热解毒、生津止渴、消肿散瘀的功效，主治感冒发烧、跌打损伤等。

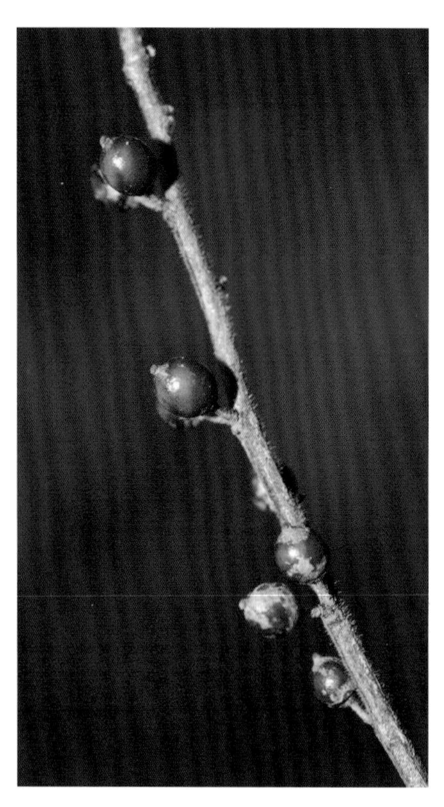

毛冬青 冬青科，冬青属

Ilex pubescens Hook. et Arn.

常绿灌木。小枝具棱，被粗毛。叶纸质或膜质，椭圆形或长卵形，边缘具疏细锯齿或近全缘，两面被长硬毛。花序簇生于1~2年生枝的叶腋内，密被长硬毛；雄聚伞花序簇生；雌花序簇生，被长硬毛。果红色，球形。花期4~5月，果期8~11月。

产于东莞樟木头（金河村上南水库、观音山）、虎门（大岭山）、谢岗（石鼓水库石峡保护区、鹰坑、大屏嶂）、清溪林场（杨桥坑）。生于低海拔山地疏林或山坡灌丛中。分布于中国华南、华东地区及湖南、贵州等地。

根入药，有活血通脉、清热解毒、降低血压的功效。叶可作代用茶。枝繁叶茂，果熟时红若丹珠，是优良的观赏树种。

过山枫 卫矛科，南蛇藤属

Celastrus aculeatus Merr.

藤本。叶多椭圆形或长方形，边缘上部具疏浅细锯齿，下部多为全缘。常 3 朵花组成聚伞花序，花瓣长方披针形。蒴果近球状，直径 7~8 mm，宿萼明显增大。种子新月状或半环状，表面密布小疣点。花期 3~4 月，果期 8~9 月。

东莞偶见，产于清溪林场、谢岗（银瓶嘴）、樟木头（观音山）。生于山地、疏林。分布于中国浙江、福建、江西、广东、广西及云南。

根入药，有祛风除湿、活血通络、抗菌、抗炎、镇痛等作用。可用作垂直绿化、配置山石的植物材料。

定心藤（甜果藤）茶茱萸科，定心藤属

Mappianthus iodoides Hand.-Mazz.

木质藤本。幼枝被黄褐色毛，老枝无毛，具皮孔。卷须粗壮，生于对生叶之间。叶长椭圆形或长圆形，背面赭黄色或深黄色。聚伞花序交替腋生，花冠黄色，裂片5枚。核果椭圆形，疏被毛，熟时橙红色，味甜，果肉薄，干时下陷网纹及纵槽。花期4~8月，果期6~12月。

产于东莞清溪林场（三坑、杨桥坑）、谢岗。生于疏林、灌丛及沟谷林内。分布于中国湖南、福建、广东、广西、贵州、云南。越南也有分布。

根或老藤入药，有调经活血、祛风除湿的功效。果肉味甜可食。

多花勾儿茶 鼠李科，勾儿茶属

Berchemia floribunda (Wall.) Brongn.

攀缘灌木，长 1~4 m。幼枝黄色至棕色，光滑无毛。叶纸质，卵形或卵状椭圆形。圆锥花序顶生或有时兼具腋生聚伞总状花序，可长达 15 cm。核果椭圆球形至柱状长圆球形，长 7~10 mm，无毛。花期 8~10 月，果期翌年 3~5 月。

产于东莞大岭山（石洞景区）、大岭山（马山庙、茶山顶、金鸡咀水库、大岭山森林公园）、谢岗（南面村、银瓶嘴、芒头坑）。生于山坡、沟谷、林缘、林下或灌丛中。分布于中国华中、华东、华南、西南各省区。日本和南亚等国也有分布。

根入药，有祛风除湿、化瘀止血之效。民间常用其茎作牛鼻圈。嫩叶可制代用茶。

铁包金 鼠李科，勾儿茶属

Berchemia lineata (L.) DC.

藤状灌木，高达 2 m。多分枝，嫩枝密被短柔毛。叶互生，排成 2 列，椭圆形至长圆形，上面绿色，下面浅绿色。顶生花序为聚伞总状花序，腋生花序簇生，花白色，花瓣匙形。核果卵形或卵状长圆形，熟时黑色。花期 7~10 月，果期 11 月。

东莞各地常见。生于丘陵山地灌丛、路旁或开旷地上。分布于中国福建、台湾、广东、广西。日本、越南和南亚等国也有分布。

根、叶入药，有化瘀止血、镇咳止痛的功效，用于治疗肺结核咯血、精神分裂症、跌打损伤、风湿骨痛等。果子可食。叶子小而有光泽，枝茎红润透亮，适宜盆栽观赏。

雀梅藤 鼠李科，雀梅藤属

Sagaretia thea (Osbeck) Johnst.

灌木。枝具刺，幼时披黄色茸毛。叶互生或近对生，圆形、椭圆形、卵状椭圆形或长圆形，边缘具细锯齿，叶上表面无毛，下表面稀被毛。穗状圆锥花序或穗状花序顶生或腋生，总轴密被茸毛；花瓣白色，匙形。核果近球形，熟时紫黑色。花期10~11月，果期翌年3月。

产于东莞大岭山（大沙、金桔、鸡翅岭村边风水林）、谢岗（南面村、芒头排、银瓶嘴）、大岭山。生于村边、路旁、沟旁或丘陵地灌丛中。分布于中国华东地区及广东、广西、四川、云南等。印度、越南、朝鲜、日本也有分布。

枝、叶入药，有祛毒、生肌的功效，治疮疡肿毒；根可治咳嗽，降气化痰。常栽培作绿篱、盆景。果酸味可食，叶可制茶。

翼核果 鼠李科，翼核果属

Ventilago leiocarpa Benth.

攀缘灌木。嫩枝被淡黄色短柔毛。叶互生，2 列，卵状披针形或卵状长圆形，边缘具不明显疏细锯齿。花单生或数朵簇生于叶腋，或数朵排成聚伞花序；花瓣倒卵形，顶端微缺；花盘厚，五边形。核果近球形，基部具宿萼，顶端具长圆形翅。花期 4 月，果期 6~7 月。

产于东莞清溪林场（三坑）、长安（莲花山水库）、樟木头（观音山）、谢岗（鹰坑）、虎门。生于山地、低海拔旷野林中。分布于中国广东、广西、湖南、福建、台湾、云南。印度、缅甸、越南也有分布。

根入药，有补气血、舒筋活络的功效，治风湿筋骨痛、跌打损伤、腰肌劳损、月经不调等。

角花胡颓子 胡颓子科，胡颓子属

Elaeagnus gonyanthes Benth.

常绿攀缘灌木或木质藤本。嫩枝密被深朱红色鳞片，老枝灰黑色。叶纸质或近革质，椭圆形、狭椭圆形或倒卵形，背面深朱红色至棕红色，被锈色鳞片，叶柄被锈色鳞片。花白色，单生于叶腋或数花簇生于腋生短总梗上。果椭圆形，熟时橙色。花期 9~12 月，果期翌年 1~4 月。

东莞偶见，产于大岭山林场。生于丘陵灌丛、山地混交林、疏林和路边及溪边灌丛中。分布于中国广东、广西、湖南、云南。中南半岛也有分布。

全株入药，根入药可治跌打、瘀积；叶治感冒咳嗽；果可治肠炎、腹泻。果可食。

银果牛奶子 胡颓子科，胡颓子属

Elaeagnus magna (Serv.) Rehd.

落叶直立散生灌木。嫩枝黄白色，被鳞片，老枝灰黑色或棕色。叶纸质或膜质，倒卵状长椭圆形至椭圆状披针形，背面银灰白色或黄白色，被白色和散被棕色鳞片。花银白色，密被鳞片，1~3 朵着生新枝基部，单生于叶腋。果椭圆形，熟时红色。花期 4~5 月，果期 6~7 月。

产于东莞谢岗（银瓶嘴）。生于山地、路旁、林缘、河边向阳沙质土壤上。分布于中国广东、广西、四川、贵州等地。

果实可生食和酿酒，也是观赏植物。

白粉藤 葡萄科，白粉藤属

Cissus repens Lamarck

草质藤本。小枝圆柱形，有纵棱纹，被白粉。卷须二叉分枝，相隔 2 节间断与叶对生。叶心状卵圆形，边缘每侧有 9~12 个细锐锯齿。花序顶生或与叶对生，二级分枝 4~5 集生成伞形，花瓣 4 枚，淡绿色。果实倒卵圆形。花期 7~10 月，果期 11 月至翌年 5 月。

产于东莞大岭山（石洞景区）。生于山边空旷或沿河两岸疏林中。分布于中国广东、广西、贵州、云南。越南、菲律宾、马来西亚和澳大利亚也有分布。

藤、叶和根入药；藤、叶有消毒和消肿之效，外敷治痈疽疮疡、毒蛇咬伤；根有散结消肿、清热、止痛之效，治淋巴结核病、肾炎等。

大齿牛果藤（显齿蛇葡萄）葡萄科，牛果藤属

Nekemias grossedentata (Hand.-Mazz.) J. Wen & Z. L. Nie

木质藤本。卷须二叉分枝，相隔2节间断与叶对生。叶为1~2回羽状复叶，2回羽状复叶者基部1对为3小叶，小叶卵圆形，卵椭圆形，边缘每侧有2~5个锯齿。花序为伞房状多歧聚伞花序，与叶对生，花瓣5枚，卵椭圆形。果近球形。花期5~8月，果期8~12月。

产于东莞樟木头林场（五埂工区）。生于沟谷林中或山坡灌丛。分布于中国广东、广西、江西、福建、湖南、湖北、贵州、云南。

全株入药。嫩叶可制茶，称为“藤茶”或“霉茶”，具有降血糖、降血脂、疏肝利胆和提高免疫力的功效。

三叶崖爬藤 葡萄科，崖爬藤属

Tetrastigma hemsleyanum Diels et Gilg

草质藤本。卷须不分枝，相隔2节间断与叶对生。叶为3小叶，小叶披针形、长椭圆披针形，边缘具锯齿。花序腋生，下部有节，节上有苞片，或假顶生而基部无节和苞片；花瓣4枚，卵圆形，顶端有小角。果近球形；种子倒卵椭圆形。花期4~6月，果期8~11月。

产于东莞大岭山（石洞景区）、谢岗（银瓶嘴）。生于山坡灌丛、山谷、溪边林下岩石缝中。分布于中国华东、华中、华南、西南等省区。

全株入药，有活血散淤、解毒、化痰的功效。

扁担藤 葡萄科，崖爬藤属

Tetrastigma planicaule (Hook. f.) Gagnep.

攀缘灌木。茎扁压，似扁担。卷须不分枝，相隔 2 节间断与叶对生。叶为掌状 5 小叶，小叶长圆披针形，边缘具锯齿。花序腋生，花瓣绿白色，卵状三角形。果实近球形，直径 2~3 cm，肉质。种子倒卵状椭圆形。花期 4~6 月，果期 6~10 月。

东莞偶见，产于东莞谢岗（南面村、银瓶嘴、芒头坑）。生于山谷林中或山坡岩石缝中。分布于中国广东、广西、福建、贵州、云南及西藏东南部。老挝、越南、印度和斯里兰卡也有分布。

藤茎入药，有祛风除湿、舒经活络之效，治风湿骨痛、腰肌劳损、半身不遂等。果可食，风味独特。藤茎扁宽，攀附能力强，是园林垂直绿化的优良树种。

山油柑（降真香）芸香科，山油柑属

Acronychia pedunculata (L.) Miq.

乔木。叶有时呈不整齐对生，单小叶，叶片椭圆形至长圆形。花两性，黄白色；萼片及花瓣均4枚。果序下垂，果淡黄色，圆球形，半透明，近圆形而略具肋状棱，富含水分。种子倒卵形，种皮褐黑色。花期4~8月，果期8~12月。

根、叶和果入药，含山油柑碱，有化痰止咳、活血散瘀、消肿止痛、抗癌的功效。树干端直，树冠浓密，果量大，可作园林绿化、引鸟树种，或作水源涵养树。

酒饼簕 芸香科，酒瓶簕属

Atalantia buxifolia (Poir.) Oliv.

灌木。分枝多，枝刺劲直而长，顶尖红褐色。叶质厚而颇硬，有浓烈的柑橘叶香气，倒卵形、椭圆形或近圆形，顶有明显凹口；叶缘有明显的弧形边脉，油点多。花多朵簇生于叶腋；萼片和花瓣均5枚，花瓣白色。果近圆形，熟透时蓝黑色。花期5~12月，果熟期9~12月。

产于东莞虎门（威远炮台）。生于低海拔疏林中。分布于中国华南、华东地区。菲律宾、越南也有分布。

根和叶入药，有祛风散寒、行气止痛的功效。叶含精油，为香料提取植物。木材坚实，可作雕刻材料。常作盆景。

三桠苦 芸香科，密茱萸属

Melicope pteleifolia (Champion ex Bentham) T. G. Hartley

小乔木或灌木。叶纸质，指状3小叶，小叶长椭圆形，油点多。花序腋生，花多；萼片及花瓣均4枚，花瓣淡黄或白色，常有透明油点。分果瓣淡黄或茶褐色，散生肉眼可见的透明油点，每分果瓣有1颗种子。种子蓝黑色，有光泽。花期4~6月，果熟期7~10月。

产于东莞清溪林场（杨桥坑）、塘厦（大屏嶂老虎岩）、樟木头镇（金河村上南水库）、谢岗（银瓶嘴）。生于中海拔以下疏林中。分布于中国华东、华南、西南地区。越南、老挝、泰国也有分布。

根、叶入药，有清热解毒、祛风止痛的功效，治感冒高热、咽喉肿痛、肺热咳嗽、丹毒等。

九里香 芸香科，九里香属

Murraya exotica L. Mant.

小乔木。幼苗的叶为单叶，次出的为单小叶与2小叶，成长树的叶有小叶3~5，稀7；小叶卵形或披针形，顶端常凹缺。花序通常有花10朵以内，花白色，芳香；萼片和花瓣均5枚，花瓣有油点。果纺锤形，卵形或近圆球形，熟时朱红色。花期4~9月，果熟期9~12月。

产于东莞谢岗（银瓶嘴）。生于低丘陵林中。分布于中国华东、华南、西南地区。东南亚也有分布。

小毒。根、茎和叶入药，有行气镇痛、消肿活络的功效。常作庭院绿篱。

飞龙掌血 芸香科，飞龙掌血属

Toddalia asiatica (L.) Lam.

木质藤本。老茎有厚木栓层及黄灰色凸起皮孔。小叶无柄或近无柄，椭圆形或倒卵形，对光透视可见密生的透明油点，芳香。花白或淡黄色，雄花序为伞房状圆锥花序，雌花序为聚伞圆锥花序。果橙黄至朱红色，有多条肋状棱。花果期几乎全年，盛果期在秋冬季。

产于东莞清溪林场（三坑）、谢岗（大横坑）、樟木头林场（九洞桥）。生于山坡灌丛或疏林中。分布于中国秦岭南坡以南各省区。

小毒。根或根皮及叶入药，有散瘀止血、祛风除湿、散肿止痛的功效。茎枝可用于制作烟斗。

竹叶花椒 芸香科，花椒属

Zanthoxylum armatum DC.

落叶小乔木，高 3~5 m。茎枝多锐刺，小叶背面中脉上常有小刺，仅叶背基部中脉两侧有丛状柔毛。叶有小叶 3~11 片，小叶对生，通常披针形。花序近腋生或同时生于侧枝之顶。果紫红色，有微凸，起少数油点。种子褐黑色。花期 4~5 月，果期 8~10 月。

东莞偶见。生于山地林中。分布于中国山东以南大部分省区。日本、朝鲜、越南、老挝、缅甸、尼泊尔也有分布。

果及种子入药，有温中止痛、杀虫止痒的功效。果实可作调味料。适宜庭院、盆栽观赏。

簕欓花椒 芸香科，花椒属

Zanthoxylum avicennae (Lam.) DC.

落叶乔木。成年树常有粗锐刺，刺基部增粗且有环纹。叶有小叶 13~18，小叶常斜四边形，或为倒卵状菱形。花序顶生，多花。果褐红至紫红色，干后常淡棕灰色，有细油点。种子近圆球形，褐黑色，光亮。花期 8~9 月，果熟期 11~12 月。

产于东莞谢岗（银瓶嘴）、塘厦（大屏嶂林场）、大岭山林场。生于山地疏林中。分布于中国华南及云南地区。

根、茎、叶、果及种子均可入药，有祛风去湿、行气化痰、止痛的功效。果皮、叶和茎皮含有芳香油，可提取花椒油。

两面针 芸香科，花椒属

Zanthoxylum nitidum (Roxb.) DC.

灌木。各部无毛但常有钩刺，叶轴上的刺较多，小叶两面中脉或仅叶背中脉有小刺，稀无刺。叶有小叶 3~7，整齐对生，近圆形、椭圆形至长圆形。花序腋生，花瓣黄白色。果暗紫红色，油点。种子近圆球形，褐黑色，光亮。花期 3~4 月，果熟期 8~9 月。

产于东莞清溪林场（三坑、十二排石禾坪）、谢岗（南面村棚坑）。生于平地至丘陵灌丛中。分布于中国华东、华南及西南地区。

全株入药，有活血散瘀、消肿止痛、祛风活络的功效，主治跌打损伤、胃痛、牙痛、风湿痹痛、毒蛇咬伤等，是制作化妆品、牙膏等重要的原材料之一。

鸦胆子 苦木科，鸦胆子属

Brucea javanica (L.) Merr.

灌木或小乔木。嫩枝、叶柄和花序均被黄色柔毛。小叶 3~15，卵形或卵状披针形，两面均被柔毛。圆锥花序，雌花序长约为雄花序的一半；花细小，暗紫色。核果 1~4 个，分离，长卵形，成熟时灰黑色；种仁黄白色，卵形，有薄膜，味极苦。花期夏季，果熟期 8~10 月。

产于东莞樟木头（观音山）、大岭山（石洞景区）、长安（莲花山公园）、谢岗（石鼓水库）。生于山地、旷野或山麓的灌丛中。分布于中国华南地区及台湾、云南。

种子药用，有清热解毒、治痢疾等功效。叶大，果实奇特，适宜园林栽培观赏。

倒地铃 无患子科，倒地铃属

Cardiospermum halicacabum L.

草质攀缘藤本。茎有5或6棱角，棱上被皱曲柔毛。2回三出复叶具3~4 cm长的叶柄，叶片轮廓为三角形。花序与叶柄近等长或稍长，少花，总梗直，有螺旋状卷须；花瓣乳白色。蒴果倒三角状陀螺形。种子黑色，有光泽。花期夏、秋季，果熟期秋、冬季。

产于东莞大岭山(石洞景区)、虎门(南面上围村、威远炮台)。生于低海拔旷野、村边。分布于中国东部、南部和西南部。世界热带和亚热带地区广泛分布。

全株药用，有清热利水、凉血解毒和消肿等功效。果形独特，需借助攀缘物做造型，适宜庭院、盆栽观赏。

尖叶清风藤 清风藤科，清风藤属

Sabia swinhoei Hemsl.

常绿攀缘灌木。小枝纤细，被长而垂直的柔毛，二年生枝具细纵沟。叶革质，椭圆形、卵状椭圆形、卵形或宽卵形，具狭骨质而背卷的边缘。聚伞花序腋生，花瓣淡绿色，卵状披针形或披针形。分果爿深蓝色，近圆形或倒卵形。花期 3~4 月，果熟期 7~9 月。

产于东莞谢岗（银瓶嘴）。生于溪边、山谷、山坡林间。分布于中国华东、华南、华中地区。

根、茎入药，治疗风湿痹痛。攀缘力强，叶深绿而茂密，适宜棚架、绿廊、庭院栽植。

山香圆 省沽油科，山香圆属

Turpinia montana (Bl.) Kurz.

小乔木或灌木，高 3~8 m。奇数羽状复叶，小叶 3~7 片，稀在花序下仅 1 片；小叶革质，椭圆形或长圆状椭圆形，边缘具锯齿。圆锥状聚伞花序顶生或腋生，花瓣淡黄色，椭圆形或长椭圆形。浆果近球形，绿色至紫褐色。种子 3~4 颗，平凸状。花期 8~10 月，果熟期 8~12 月。

产于东莞谢岗（银瓶嘴）、樟木头林场、大岭山林场。生于密林或山谷疏林中。分布于中国西南部和南部。中南半岛及印度尼西亚也有分布。

叶入药，有清热解毒、利咽消肿、活血止痛、抗菌消炎等功效。

盐麸木（盐酸白、五倍子树）漆树科，盐麸木属

Rhus chinensis Mill.

灌木或小乔木，高2~10 m。小枝、叶柄和花序均密被柔毛。叶轴常有翅，小叶7~13，有短柄，卵形至长圆形。圆锥花序宽大，多分枝，总花梗短而粗壮，花瓣白色，长圆形。核果小，扁球形，红色，被腺状柔毛。花期夏末，果熟期秋季。

产于东莞大岭山（石洞景区）。生于山地林中或村庄附近灌丛中。分布于中国中部、南部和西南部。广布于东亚和南亚。

树皮和叶富含丹宁，为重要的工业原料。果实入药，为收敛剂，可治烧伤，可止血，也可用作某些生物碱中毒的解毒剂。木材致密，为优质木材。

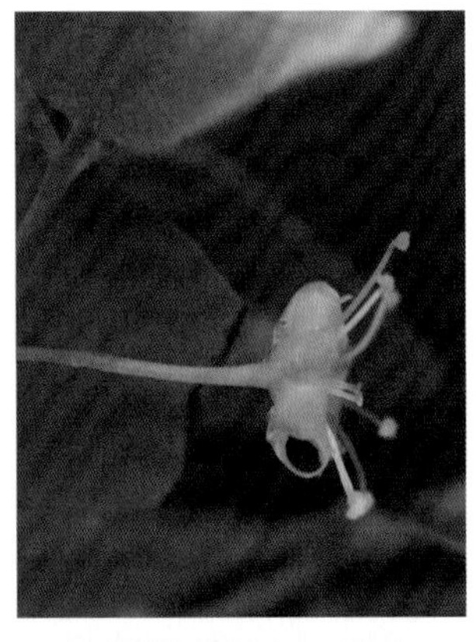

小叶红叶藤（红叶藤、牛见愁）牛栓藤科，红叶藤属

Rourea microphylla (Hook. et Arn.) Planch.

攀缘灌木。奇数羽状复叶，小叶常 7~17 片，小叶坚纸质至近革质，卵形、披针形或长圆披针形，新叶红色。圆锥花序，花瓣白色、淡黄色或淡红色，椭圆形，具芳香。蓇葖果椭圆形或斜卵形，成熟时红色。种子椭圆形，橙黄色。花期 3~9 月，果熟期 5 月至翌年 3 月。

产于东莞大岭山（石洞景区）、谢岗（阴坑）。生于山坡或疏林中。分布于中国华东、华南及西南地区。越南、斯里兰卡、印度、印度尼西亚也有分布。

茎皮可提胶，也可作外敷药用。新叶鲜红色，果形、果色奇特美观，可栽培观赏。

桃叶珊瑚 山茱萸科，桃叶珊瑚属

Aucuba chinensis Benth.

常绿小乔木或灌木，高 3~6 m。叶薄革质，椭圆形或阔椭圆形，边缘有 5~8 对锯齿或腺状齿。圆锥花序顶生，雄花绿色、紫红色，花瓣 4 枚；雌花序较雄花序短，花柱粗壮，花盘肉质，花下具 2 片小苞片。果圆柱状或卵状。花期 1~2 月，果期达翌年 2 月。

产于东莞谢岗（银瓶嘴）、清溪林场。生于低海拔常绿阔叶林中。分布于中国华南、华东地区。

叶入药，有清热解毒、消肿止痛的功效，主治痔疮、水火烫伤、冻伤和跌打损伤等。为园林绿化观赏树种。

白簕（三加皮）五加科，五加属

Eleutherococcus trifoliatus (Linnaeus) S. Y. Hu

藤状灌木，高 2~7 m。小枝具向下倒钩的皮刺。三出复叶，互生，小叶纸质，卵形或长卵形，边缘具粗或细锯齿。伞形花序 4 至多个组成顶生的总状花序或复伞形花序，花黄绿色，花瓣 5 枚。浆果，扁球形。花期 8~11 月，果期 9~12 月。

产于东莞清溪林场。生于山地、水旁、密林。分布于中国中部和南部，东至台湾，南至海南、北至秦岭南坡。印度、菲律宾、越南也有分布。

嫩枝、叶入药，有祛风清热，消肿止痛的功效。幼嫩茎叶常作蔬菜食用，还可制成“簕菜茶”。

刺芹（洋芫荽）伞形科，刺芹属

Eryngium foetidum L.

二年生或多年生草本，高 11~40 cm。主根纺锤形。茎直立，上部有 3~5 歧聚伞式的分枝。基生叶披针形或倒披针形，革质，边缘有骨质尖锐锯齿；茎生叶着生在每 1 叉状分枝的基部，对生，边缘有深锯齿，齿呈刺状。头状花序，花瓣倒披针形至倒卵形。花、果期 4~12 月。

产于东莞谢岗（石鼓水库）。生于低海拔的林下、路旁、沟边等。分布于中国华南及贵州、云南等地。南美洲东部、中美洲、安的列斯群岛以至亚洲、非洲的热带地区也有分布。

全草入药，有发表止咳、解毒、理气止痛、利尿消肿等功效，用于利尿，可治水肿病与毒蛇咬伤。也可作食用香料。

吊钟花 杜鹃花科，吊钟花属

Enkianthus quinqueflorus Lour.

灌木或小乔木，高 1~3 m。叶聚生于枝顶，互生，革质。长圆形或倒卵状长圆形伞形花序，顶生，花冠宽钟状，粉红色或红色，5 裂。蒴果椭圆形，淡黄色，具 5 棱。花期 3~5 月，果期 5~7 月。

东莞偶见，产于大岭山、清溪林场。生于稍高海拔林中。分布于中国广东、广西、湖南及福建等省。

花钟铃形，花色淡红，为著名的木本观赏花卉。其花可与绿茶同泡，制成花茶。

杜鹃花（映山红）杜鹃花科，杜鹃花属

Rhododendron simsii Planch.

落叶灌木，高 2~5 m。分枝多而纤细。叶革质，常集生于枝端，卵形、椭圆状卵形或倒卵形至倒披针形，边缘微反卷，具细齿。花 2~3 朵簇生于枝顶，花冠阔漏斗形，玫瑰色、鲜红色或暗红色。蒴果卵球形，密被糙伏毛。花期 4~5 月，果期 6~8 月。

产于东莞樟木头（观音山）、长安（莲花山）、清溪林场、塘厦（大屏嶂）。生于山地疏灌丛或松林下。分布于中国华南、华东、华中和西南地区。

根、叶入药，有消肿止血、祛风活络的功效。花可食。为优良的观花灌木。

南烛（乌饭树）越橘科，越橘属

Vaccinium bracteatum Thunb.

常绿灌木或小乔木，高 1.5~6 m。多分枝，枝光滑，淡褐色。叶坚纸质或近革质，卵状椭圆形或椭圆状长圆形，边缘有疏细锯齿。总状花序顶生或腋生，被灰褐色短柔毛；花冠白色，圆筒状壶形。浆果球形，成熟时深红色至紫黑色。花期 5~6 月，果期 10~12 月。

东莞偶见，产于清溪林场。生于山地林下或灌丛中。分布于中国云南至长江流域及其以南各省区。日本、朝鲜和中南半岛各国也有分布。

茎、叶及果入药，有毒，可活血、祛瘀、止痛等。适合庭园绿化。

朱砂根 紫金牛科，紫金牛属

Ardisia crenata Sims

常绿灌木，高 1~2 m。叶对生，革质或坚纸质，椭圆形、椭圆状披针形，边缘具皱波状或波状齿，具明显的边缘腺点。伞形花序或聚伞花序，着生于侧生特殊花枝顶端。浆果圆球形，成熟时鲜红色，有光泽。花期 5~6 月，果期 10~12 月（也见 2~4 月）。

产于东莞谢岗（观音座莲山、银瓶嘴）、虎门（南面村）、樟木头（观音山）、塘厦（大屏嶂林场佛坳、鹰坑）。生于低海拔至中海拔的林下阴湿的灌木丛中。分布于中国西藏东南部至台湾、湖北、海南等地。印度、缅甸、印度尼西亚和日本也有分布。

根、叶入药，有祛风湿、散瘀止痛、通经活络等功效。果可食。为优良的室内观赏植物。

虎舌红 紫金牛科，紫金牛属

Ardisia mamillata Hance.

矮小灌木。具匍匐的木质根茎。叶互生或簇生于茎顶，坚纸质，倒卵形至长圆状披针形，两面绿色或暗红色，被锈色或紫红色糙伏毛。伞形花序，单一，着生于侧生特殊花枝顶端，花瓣粉红色。果球形直径约 6 mm，鲜红色。花期 6~7 月，果期 11 月至翌年 1 月，有时可达 6 月。

东莞偶见。生于山谷林下阴湿处。分布于中国广东、广西、湖南、福建、四川、贵州。越南也有分布。

全草有清热利湿、活血止血、去腐生肌等功效。为优良的观叶观果植物，也是室内盆栽观赏佳品。

当归藤（小花酸藤子）紫金牛科，酸藤子属

Embelia parviflora Wall. ex A. DC.

攀缘灌木或藤本，长 3 m 以上。老枝具皮孔，小枝通常两列，密被锈色长柔毛，略具腺点或星状毛。叶 2 列，叶片坚纸质，卵形。亚伞形花序或聚伞花序，腋生，通常下弯藏于叶下，花瓣白色或粉红色。果球形，暗红色。花期 12 月至翌年 5 月，果期翌年 5~7 月。

东莞各地常见。生于 300~1000 m 的山间密林中或林缘，或灌木丛中，土质肥润的地方。分布于中国华南、华东和西南地区。

根与老藤供药用，有活血散瘀、补肾强腰的功效，治月经不调、闭经、贫血、跌打损伤等。熟果红如丹珠，株型美观，可作园林观赏植物。

杜茎山（金砂根）紫金牛科，杜茎山属

Maesa japonica (Thunb.) Moritzi. ex Zoll.

灌木，直立，高 1~3 m。叶革质，椭圆形至椭圆状披针形，两面无毛。总状花序或圆锥花序，单一或 2~3 个腋生，花冠白色，长钟形。果球形，直径 4~5 mm，肉质，具脉状腺条纹，宿存萼包果顶端，具宿存花柱。花期 1~3 月，果期 5 月或 10 月。

东莞各地常见，产于樟木头（观音山）、谢岗镇（南面村银瓶嘴）。生于山地、路旁、密林。分布于中国西南至台湾以南各省区。日本和越南北部也有分布。

全株入药，有祛风寒、消肿功效。果可食。

鲫鱼胆（空心花）紫金牛科，杜茎山属

Maesa perlarius (Lour.) Merr.

小灌木，高 1~3 m。叶纸质或近坚纸质，广椭圆状卵形至椭圆形，叶下部全缘，中部以上具粗锯齿。总状花序或圆锥花序，腋生，花冠白色，钟形，长约为花萼的 1 倍。果球形。花期 3~4 月，果期 12 月至翌年 5 月。

产于东莞清溪林场（三坑）、大岭山（马山庙、大岭山森林公园）、谢岗（银瓶嘴）等地。生于村边灌丛中及疏林中。分布于中国华南、华东地区及贵州、四川等省。越南、泰国也有分布。

全株入药，有消肿去腐、生肌接骨的功效，治跌打、刀伤、疔疮等。

白背枫（驳骨丹）马钱科，醉鱼草属

Buddleja asiatica Lour.

常绿灌木或亚灌木，高 1~2 m。花序、叶背均密被灰色或黄色短茸毛，有时毛极密而成绵毛状。叶对生，披针形，全缘或有小锯齿。聚伞圆锥花序顶生或腋生，花 1~3 朵排成小聚伞花序生于分枝上，花冠白色；花萼被绵毛。蒴果长圆形。种子小，有翅。花期 10 月至翌年 2 月。

东莞各地常见。生于向阳山坡的灌丛中。分布于中国西南部至东南部。印度及东南亚和中南半岛也有分布。

全株有毒，外用可杀虫、止痒、治皮肤湿疹等症。民间常用来毒鱼。可作园林绿化植物。

扭肚藤 木犀科，素馨属

Jasminum elongatum (Bergius) Willd.

攀缘状灌木。叶对生，纸质，卵形至卵状披针形，两面被短柔毛或有时仅下面中脉上被毛。聚伞花序常生于侧枝之顶，密集；花萼杯状，被黄色柔毛；花冠白色，花冠管细长；花微香。果长圆形或卵圆形，成熟时黑色。花期4~12月，果期8月至翌年3月。

产于东莞大岭山。生于低海拔至中海拔山地疏林或灌丛中。分布于中国广东、广西、云南。印度、缅甸、越南、马来西亚、印度尼西亚、澳大利亚北部也有分布。

茎、叶入药，有清热利湿、止血的功效，常用于治疗外伤出血、骨折、肠炎、消化不良等。花色洁白而稠密，具芳香，是园林绿化的优良树种。

清香藤 木犀科，素馨属

Jasminum lanceolaria Roxb.

大型攀缘状灌木，高 5~15 m。指状三出复叶，对生或近对生，小叶革质或近革质，椭圆形、卵圆形，顶生小叶与侧生小叶近等大，具凹陷的小斑点。三歧聚伞花序长排成圆锥状，腋生或顶生，花白色，芳香。浆果椭圆形或近球形。花期 4~10 月，果期 8 月至翌年 4 月。

产于东莞清溪林场（三坑）、清溪（石禾坪）、谢岗（银瓶嘴、阴坑）、樟木头（观音山）、大岭山林场（茶山顶）。生于山地、密林。分布于中国西北、西南、南部、东南部至台湾。印度、缅甸、越南也有分布。

茎入药，有祛风去湿、活血止痛之功效，可治风湿筋骨痛和跌打损伤。花洁白素雅，攀缘力强，适宜花架、花廊、山石旁的景观绿化。

络石 夹竹桃科，络石属

Trachelospermum jasminoides (Lindl.) Lem.

常绿木质藤本。茎有皮孔。叶革质或近革质，椭圆形至卵状椭圆形或宽倒卵形。二歧聚伞花序顶生和腋生；花萼裂片线状披针形，外面被柔毛及缘毛；花冠白色，冠筒中部膨大；花盘环状。蓇葖果双生，叉开。种子线形，顶端有种毛。花期3~7月，果期7~12月。

产于东莞大岭山（石洞景区）、清溪林场（果园）、谢岗（银瓶嘴）。附生于树干上或石上。分布于中国陕西以南大部分地区。日本、朝鲜、越南也有分布。

根、茎、叶、果实入药，治风湿感冒、关节炎、血吸虫病等。茎皮纤维可制人造棉，花可提取制作“络石浸膏”。

酸叶胶藤 夹竹桃科，水壶藤属

Urceola rosea (Hook.et Arn.) D. J. Middleton

木质大藤本。叶纸质，宽椭圆形，下面有白粉。聚伞花序圆锥状，宽松广展，多歧；总花梗略有白粉和短柔毛；花冠红色。蓇葖果双生，叉开成一直线，有明显斑点，长达 15 cm。种子顶端具种毛。花期 4~12 月，果期 7 月至翌年 1 月。

产于东莞清溪林场（三坑、杨桥坑、石壁）、谢岗（石鼓水库）、大岭山（石洞景区）、大岭山林场。生于山地杂木林中。分布于中国长江以南各省区及台湾。越南、印度尼西亚也有分布。

全株入药，有小毒，主治风湿骨痛、跌打瘀肿、慢性肾炎、肠炎等。植株所含乳胶质地良好，是一种野生橡胶植物。幼嫩茎叶可食，常与肉类烹煮。攀缘力强，枝叶繁茂，适宜作立体绿化的植物材料。

白叶藤 萝藦科，白叶藤属

Cryptolepis sinensis (Lour.) Merr.

木质藤本。叶长圆形，两端圆，顶端具小尖头，上面深绿色，下面苍白色。花序顶生或腋生，比叶长；花萼内面有10枚腺体；花冠淡黄色，冠片长圆状披针形或线形，副花冠裂片着生于冠筒近中部。果长披针形。种子顶端有绢质种毛。花期4~9月，果期6月至翌年2月。

产于东莞虎门。生于林缘。分布于中国广东、广西、台湾、云南、贵州。东南亚及印度地区也有分布。

全株入药，叶、茎、乳汁有毒，可治毒蛇咬伤、跌打损伤、疥疮等。茎皮纤维坚韧，可编绳索，种毛可作填充物。

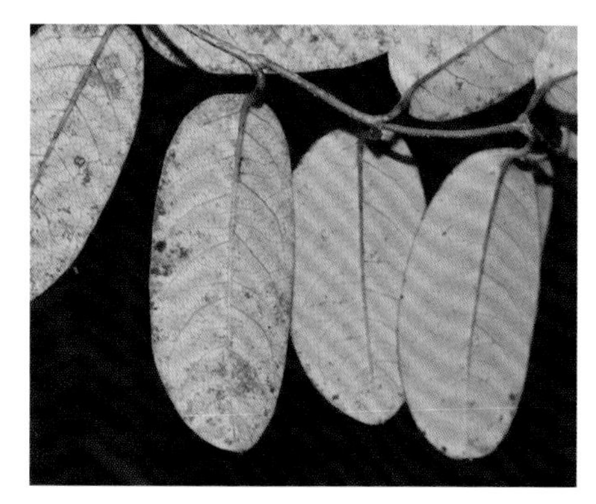

匙羹藤 萝藦科，匙羹藤属

Gymnema sylvestre (Retz.) Schult.

木质藤本，长达4 m。茎具皮孔。叶倒卵形或卵状长圆形，仅叶脉上被微毛；叶柄顶端具丛生腺体。聚伞花序伞形状，花小，绿白色；花冠钟状，裂片卵形。果卵状披针形，基部膨大，外果皮硬。种子卵圆形。花期5~9月，果期10月至翌年1月。

产于东莞虎门（威远炮台）、樟木头（观音山）、塘厦（大屏嶂）、大岭山（石洞景区、马山庙、森林公园）。生于山地林或荒野灌丛中、水旁、山谷。分布于中国华东地区、广东、广西、云南。印度、越南、印度尼西亚、澳大利亚和非洲也有分布。

根或全株入药，有祛风止痛的功效，治风湿痹痛、脉管炎、毒蛇咬伤，外用可消肿，有小毒，也可灭虱。

球兰 萝藦科，球兰属

Hoya carnosa (L. f.) R. Br.

攀缘灌木。附生于树上或石上。节上生气根。叶肉质，卵圆形至卵圆状长圆形。聚伞花序有花约 30 朵，组成伞形状；花白色，花冠辐状；副花冠裂片外角急尖，中脊隆起，边缘反折。蓇葖果线形。种毛长 2.5 cm。花期 4~6 月，果期 7~8 月。

东莞偶见。生于山地，附生于树上或石上。分布于中国广东、广西、云南、台湾、福建。热带和亚热带地区有栽培或野生。

叶及全草入药，可治关节肿痛、肺炎等。花冠洁白素雅，可作观赏植物。

水团花（水杨梅）茜草科，水团花属

Adina pilulifera (Lam.) Franch. ex Drake

常绿灌木或小乔木，高达 5 m。顶芽由托叶疏松包裹。叶对生，厚纸质，椭圆形或椭圆状披针形、倒卵状长圆形；托叶 2 裂，早落。头状花序腋生，稀顶生；花冠白色，狭漏斗状。果序直径 8~10 mm，小蒴果楔形。种子长圆形，两端有狭翅。花期 6~7 月。

产于东莞清溪林场（三坑）、塘厦（大屏嶂林场佛坳）、大岭山（石洞景区）。生于林谷、灌丛或溪涧旁。分布于中国长江以南各省区。日本、越南也有分布。

根、花、果及叶入药，有清热解毒、散瘀止痛的功效。木材纹理细致，可作雕刻用材。树形美观，花、果奇特，可栽植于水边、湖岸等地。

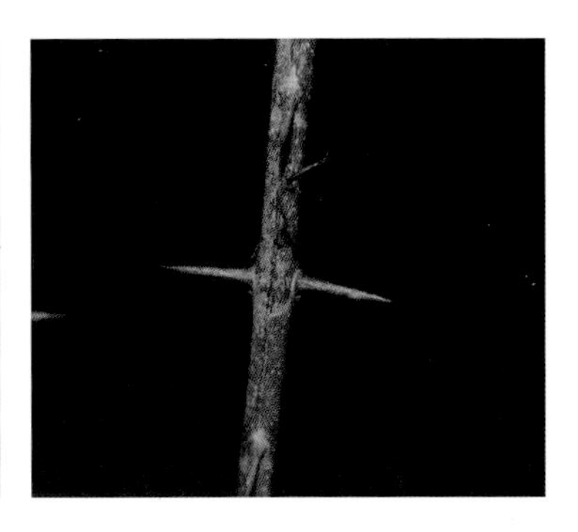

山石榴 茜草科，山石榴属

Catunaregam spinosa (Thunb.) Tirveng.

有刺灌木或小乔木，高达 10 m。刺腋生，粗壮，对生，长达 5 cm。叶纸质或近革质，对生或簇生，倒卵形、卵形或匙形。花单生或 2~3 朵簇生于侧生短枝顶端；花冠钟状，白色或淡黄色。浆果球形，顶端冠以宿存萼裂片，有多数种子。花期 3~6 月，果期 5 月至翌年 1 月。

产于东莞清溪林场（三坑）、谢岗（南面村、芒头排）。生于疏林或灌丛中。分布于中国华南地区及台湾、云南。亚洲南部和东南部，非洲热带地区都有分布。

树皮、根和果入药，有利尿、祛风湿之功效，可治跌打损伤。也可栽植作绿篱。木材致密坚硬，可作农具、手杖等。

栀子（水黄枝）茜草科，栀子属

Gardenia jasminoides Ellis

灌木，高达 3 m。嫩枝常被短毛。叶对生，稀 3 片轮生，革质，稀纸质，叶形多样，长圆状披针形、倒卵状长圆形或倒卵形。花芳香，多单生于枝顶；花冠白色或奶黄色，高脚碟状。果卵形、近球形或长圆形，黄色或橙红色。种子多数。花期 3~7 月，果期 5 月至翌年 2 月。

产于东莞清溪林场（杨桥坑、狮子岩）、樟木头（观音山）、谢岗（南面村）。生于路旁、山地、溪边灌丛或林中。分布于中国华南、华东、西南地区，河北、陕西、甘肃有栽培。南亚、东南亚、美洲北部及太平洋岛屿和日本、朝鲜等地也有分布。

果入药，有泻火除烦、清热利湿、凉血解毒等功效，外用消肿止痛。栀子花与果可加工成茶饮。果汁为古代常用的染料。为常见的园林灌木。

爱地草 茜草科，爱地草属

Geophila herbaceae (Jacq.) K.Schum.

多年生匍匐草本，长达 40 cm。叶膜质，心状圆形或近圆形，叶柄长被长柔毛。花单生或 2~3 朵组成顶生的伞形花序，花冠管外面被短柔毛，内面被疏柔毛，花冠裂片 4 枚，卵形或披针状卵形。核果球形，红色，有宿存萼裂片；分核平凸。花期 7~9 月，果期 9~12 月。

东莞偶见。生于山谷、溪边或林下潮湿处。分布于中国华南地区及台湾、云南。全世界热带地区都有分布。

全草入药，有消肿之效。花、果可爱，可用于林下、水岸、山石旁的地被绿化，也可盆栽观赏。

伞房花耳草 茜草科，耳草属

Hedyotis corymbosa (L.) Lam.

一年生柔弱披散草本。叶对生，近无柄，膜质，线形，稀狭披针形，两面粗糙或叶面中脉被疏柔毛。花序腋生，伞房式排列，稀退化为单花，花冠白色或粉红色，裂片长圆形。蒴果膜质，球形，熟时室背开裂；种子具棱，深褐色。花期几全年。

产于东莞谢岗（石鼓水库）、大岭山（马山庙及大岭山森林公园）。生于水田田埂或潮湿的草地上。分布于中国广东、福建、贵州、四川。亚洲热带地区和非洲、美洲等地也有分布。

全草入药，有清热解毒、利尿消肿、活血止痛的功效。

龙船花（仙丹花，山丹）茜草科，龙船花属

Ixora chinensis Lam.

灌木，高达2 m。小枝初始深褐色，老时灰色，有线条。叶对生，稀4片近轮生，披针形、长圆状披针形至长圆状倒披针形。花序顶生，多花，花冠红色或红黄色，顶端4裂，裂片倒卵形或近圆形。果近球形，对生，熟时红色。种子上面凸起，下面凹下。花期5~7月。

产于东莞樟木头（观音山）、谢岗（石鼓水库）、大岭山（石洞景区、金鸡嘴水库）。生于山坡灌丛中或旷地。分布于中国华南地区。东南亚也有分布。

根、茎及花入药，有清肝、活血、止痛的功效。为常见的园林灌木。

巴戟天 茜草科，巴戟天属

Morinda officinalis How

藤本。肉质根不定位缢缩。叶纸质，长圆形、卵状长圆形或倒卵状长圆形；叶脉中脉线状隆起，多少被刺状毛；叶柄下面密被短粗毛。头状花序，顶生，3~7 朵排成伞形花序状，花冠白色，近钟状。聚花果红色。种子黑色。花期 5~7 月，果期 10~11 月。

产于东莞清溪（狮子北）、樟木头（观音山）、谢岗（银瓶嘴、石鼓水库）、凤岗（塘沥碧湖风水林）。生于山地林中或灌丛中。分布于中国华南地区。中南半岛也有分布。

根入药，有补肾阳、强筋骨、祛风湿的功效。常用于制作药膳、药酒。根的提取物可作为化妆品原料。国家Ⅱ级重点保护野生植物。

鸡矢藤（鸡屎藤） 茜草科，鸡矢藤属

Paederia scandens (Lour.) Merr.

藤本，无毛或近无毛。叶对生，纸质或近革质，叶形变化大，卵形、卵状长圆形至披针形。圆锥花序式聚伞花序腋生或顶生，花冠浅紫色，外被柔毛，内面被茸毛。果球形，近黄色，顶端冠以宿存的萼裂片和花盘。小坚果无翅，浅黑色。花期5~7月。

产于东莞清溪林场（三坑）、谢岗（南面村）。生于灌木林中，常缠绕于灌木上。分布于中国长江以南各地。东南亚及朝鲜、日本、印度也有分布。

全草入药，有祛风利湿、止痛解毒、消食化积、活血消肿的功效。民间常用其叶片作茶饮，还可制成糕点。

九节（山大刀）茜草科，九节属

Psychotria rubra (Lour.) Poir.

灌木或小乔木，高达 5 m。叶对生，纸质或革质，长圆形至倒披针状长圆形。聚伞花序顶生，多花，总花梗极短，常成伞房状或圆锥状；花冠白色，喉部被白色长柔毛，与冠管近等长，开放时反折。核果红色，有纵棱。小核背面凸起，具纵棱，腹面平而光滑。花、果期全年。

产于东莞清溪林场（三坑）、谢岗（银瓶嘴）、塘厦（大屏嶂老虎岩）。生于山地、丘陵、山谷溪边的灌丛或林中。分布于中国华南、华东地区及湖南、云南、贵州。日本、东南亚及印度也有分布。

嫩枝及叶入药，有清热解毒、祛风去湿的功效。根入药，有祛风去湿、接骨生肌之效，治扁桃体炎、白喉、跌打损伤，以及对阿尔茨海默症、抑郁症有一定疗效。

蔓九节（杪壁龙、穿根藤）茜草科，九节属

Psychotria serpens L.

攀缘或匍匐藤本。常以气根攀附于树干或岩石上。叶对生，纸质或革质，叶形变化大，幼株叶多呈卵形或倒卵形，老年植株叶多呈椭圆形、披针形或倒卵状长圆形。聚伞花序圆锥状或伞房状，花冠白色。果常呈白色，球形或椭圆形。花期 4~6 月，果期全年。

产于东莞清溪林场（铁场狮子岩）、樟木头（观音山）。生于丘陵、山地、山谷水边的灌丛或林中。分布于中国华南、华东地区。中南半岛及日本、朝鲜也有分布。

全株入药，能舒筋活络、壮筋骨、祛风止痛、凉血消肿等。

白花蛇舌草 茜草科，蛇舌草属

Scleromitrion diffusum (Willd.) R. J. Wang

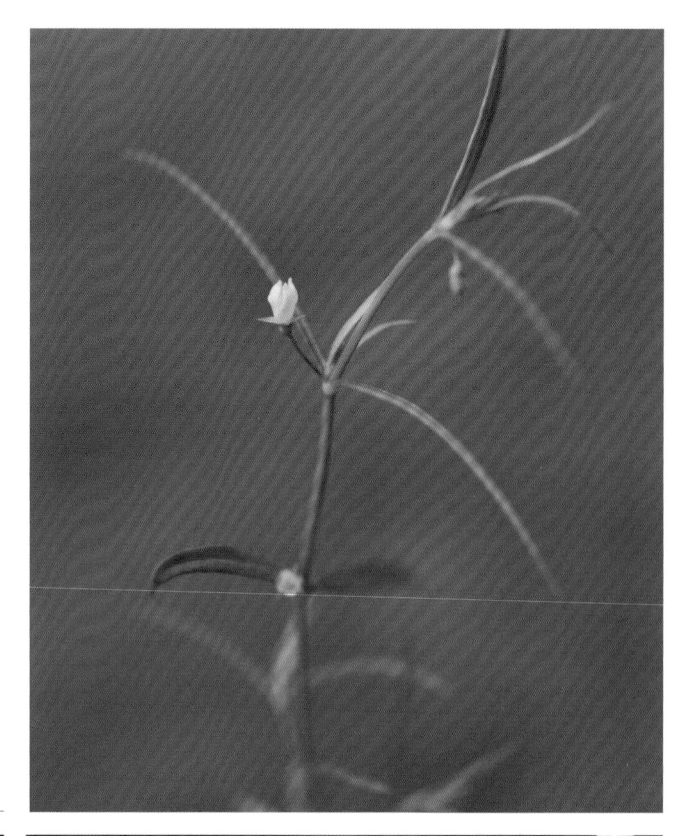

一年生无毛、纤细、披散草本。茎从基部开始分枝，稍扁。叶对生，膜质，无柄，线形，叶面光滑，叶背有时粗糙。花 4 数，单生或双生于叶腋，无总花梗，花冠白色，花冠裂片卵状长圆形。蒴果膜质，扁球形。种子具棱，深褐色，有深而粗的窝孔。花期 1~4 月。

产于东莞谢岗（石鼓水库）、樟木头（上南水库）、大岭山（马山庙、大岭山森林公园）。生于水田田埂或潮湿的草地上。分布于中国华南地区及安徽、云南。亚洲热带地区及尼泊尔、日本也有分布。

全草入药，内服治肿瘤、毒蛇咬伤、小儿疳积等病，外治刀伤、跌打等症。

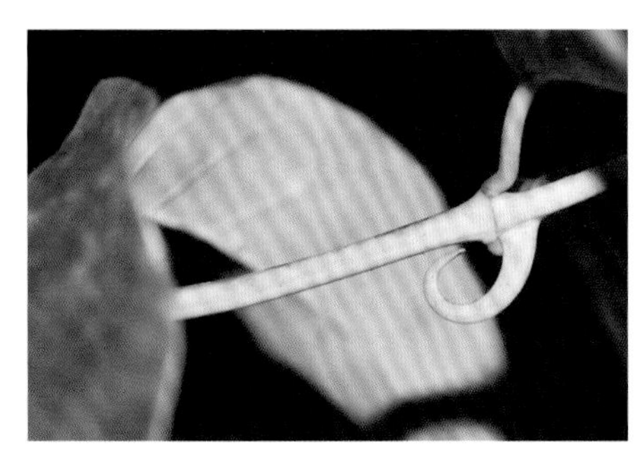

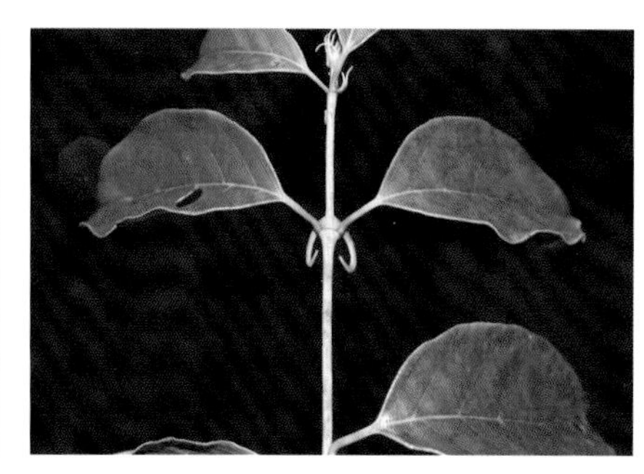

钩藤 茜草科，钩藤属

Uncaria rhynchophylla (Miq.) Miq. ex Havil.

藤本。叶纸质，椭圆形或椭圆状长圆形，下面有时被白粉。头状花序单生于叶腋，或成单聚伞花序状排列，花冠外面无毛或有疏毛，裂片卵圆形，外面无毛或略被粉状短柔毛，边缘有时有缘毛。果序直径 1~1.2 cm。蒴果被短柔毛，具宿存萼裂片。花、果期 5~12 月。

产于东莞清溪林场（杨桥坑）、谢岗（南面村、银瓶嘴保护区）。生于山地和丘陵的林中或灌丛。分布于中国广东、广西、湖南、湖北、江西、福建、云南、贵州。日本也有分布。

本种为中药“钩藤”的原植物，其带钩的藤茎入药，有清血平肝、息风定惊的功效。花叶秀丽，适宜棚架、山石、溪边、庭园等地栽植观赏。

华南忍冬 忍冬科，忍冬属

Lonicera confusa (Sweet.) DC.

半常绿缠绕藤本。嫩枝、叶柄、总花梗、苞片、小苞片和萼筒均密被灰黄色卷曲短柔毛，并疏生腺毛。叶纸质，卵形至卵状矩圆形。双花腋生或于小枝或侧枝顶端密集成短总状花序，花冠白色，后变黄色。果椭圆形或近圆形，黑色。花期 4~5 月及 9~10 月，果期 8~10 月。

东莞各地常见。生于旷野、路旁、河边、杂木林中或灌丛中。分布于中国华南地区。越南、尼泊尔也有分布。

花供药用，有清热解毒之功效，为华南地区中药材“金银花”的主要品种。树桩古朴，花繁叶茂，适宜垂直绿化或盆栽。

白花败酱（攀倒甑）败酱科，败酱属

Patrinia villosa (Thunb.) Juss.

多年生草本。基生叶丛生，卵形至长圆状披针形，不分裂或大头羽状深裂；茎生叶对生，与基生叶同形。聚伞花序集成顶生圆锥花序或伞房花序，被微糙毛，花冠白色，钟状，5深裂。瘦果倒卵形，与宿存增大苞片贴生。种子1，扁椭圆形。花期8~10月，果期9~11月。

东莞偶见。生于海拔50~2000 m的山麓林缘、山坡草地、灌木丛中。分布于中国华南、华中、华东及西南。日本也有分布。

全草入药，根茎可制成消炎利尿药。嫩苗可作蔬菜，也可作猪饲料。可供观赏。

接骨草 忍冬科，忍冬属

Sambucus javanica Blume

多年生草本或半灌木，高达 2 m。茎具棱，髓部白色。羽状复叶有小叶 2~3 对，互生或对生，小叶对生，狭卵形，边缘具细锯齿。复伞形花序顶生，大而疏散，花冠白色。果近圆形，红色。花期 4~5 月，果期 8~9 月。

产于东莞长安（莲花山）。生于山坡、沟谷、林下或草丛中。分布于中国华东、西南地区及广东、广西、湖南、湖北、河南、陕西、甘肃。日本也有分布。

全草入药，具祛风湿、通经活血、解毒消炎的功效，治跌打损伤。

金纽扣 菊科，金纽扣属

Acmella paniculata (Wallich ex Candolle) R. K. Jansen

一年生草本，高达 80 cm。叶卵形、宽卵圆形或椭圆形，全缘、波状或具钝锯齿。头状花序单生或圆锥状排列，花黄色；雌花舌状，两性花花冠管状，有 4~5 枚裂片。瘦果长圆形，稍压扁，暗褐色，顶端有 1~2 个细芒。花、果期 4~11 月。

产于东莞谢岗（南面村、银瓶嘴）、大岭山（茶山顶、莲花山）。生于旷野、溪边潮湿处或林缘。分布于中国华南地区及台湾、云南。东南亚及日本、印度、泰国也有分布。

小毒。全草入药，有消炎解毒、祛风除湿、消肿止痛、止咳定喘等作用，治感冒、肺结核、百日咳、哮喘、毒蛇咬伤、跌打损伤及风湿性关节炎等。

藿香蓟（胜红蓟）菊科，藿香蓟属

Ageratum conyzoides L.

一年生草本。茎被白色短柔毛或上部密被长柔毛。叶对生或上部互生，常有腋生叶芽，卵形或长圆形，边缘有圆锯齿，两面被稀疏端柔毛且有黄色腺点。头状花序排成顶生的伞房状花序，花冠淡紫色或白色。瘦果黑褐色，有5棱，被疏毛。花、果期全年。

产于东莞谢岗（石鼓水库）、虎门（南面上围村）以及塘厦（大屏嶂林场）。生于山谷、旷地或山坡林下。中国华南、西南地区及江西、福建以有栽培，并逸为野生。原产于中南美洲，现广泛分布于非洲及东南亚地区和印度。

全草入药，有清热解毒、消炎、止血的功效，可治感冒发热、疔疮、湿疹以及外伤出血、烫烧伤等。也可作鱼饲料。

黄花蒿 菊科，蒿属

Artemisia annua L.

一年生草本，有挥发性香气。茎直立，高达 2 m，有纵棱。叶互生，叶轴两侧有狭翅，茎下部叶宽卵形或三角状卵形，两面具细小脱落性的腺毛。头状花序球形，下垂，基部具有线形苞片，排列成金字塔形、具有叶片的圆锥花序。瘦果卵形。花期 8~10 月，果期 10~11 月。

东莞偶见。适应能力强，生于荒野、山坡、路边及河岸边、草原、干河谷、半荒漠及砾质坡地等。分布遍及全国。广布亚洲、欧洲和北美洲。

全草入药，含治疗疟疾的主要有效成分，有清热解暑、凉血、利尿、健胃的功效，外用可治恶疮疥癣。

艾蒿（艾）菊科，蒿属

Artemisia argyi H. Lévl. et Vaniot.

多年生草本或半灌木状。植株具浓烈香气。叶厚纸质，中部叶卵形、三角状卵形或近菱形，1~2 回羽状深裂至半裂，叶面被短柔毛，有白色腺点与小凹点，背面密被灰白色蛛丝状密茸毛。头状花序椭圆形，先排成穗状花序或复穗状花序，再组成圆锥花序。瘦果长圆形或长卵形。花、果期 7~10 月。

东莞各地有栽培，逸为野生。生于荒地、路旁或山坡。分布于除西北干旱及高寒地区外的中国各地。蒙古、朝鲜、俄罗斯也有分布。

全草入药，有温经、散寒去湿、消炎止血、止咳平喘、安胎以及抗过敏的作用，为妇科常用药，又可治老年性支气管炎与哮喘。全草可作杀虫药，熏烟用于房间消毒。民间常作蔬菜食用。

白苞蒿（广东刘寄奴、甜菜子）菊科，蒿属

Artemisia lactiflora Wall. ex DC.

多年生草本。叶纸质或薄纸质，茎中部叶卵形或长卵形，2回或1~2回羽状全裂，基部与中部侧裂片大，叶两面初时被疏柔毛。头状花序长圆形，在枝上排成穗状花序或复穗状花序，再在茎上排成圆锥花序。瘦果倒卵形或倒卵状长圆形。花、果期7~11月。

产于东莞虎门。生于山谷、林下、林缘或灌丛边缘。分布于中国秦岭以南各省区。东南亚、印度也有分布。

全草入药，民间作中药“刘寄奴”的代用品，有清热解毒、消炎、止咳、活血化瘀以及通经的作用，可治疗肝、肾疾病，也可治血丝虫病。

马兰 菊科，紫菀属

Aster indicus L.

多年生草本，高 10~70 cm。基生叶花期凋谢，茎下部叶和中部叶倒披针形或倒卵状矩圆形，边缘具齿或羽状浅裂。头状花序单生于枝端并排成疏散的伞房状花序；舌状花 1 层，舌片浅紫色；管状花多数，花冠黄色。瘦果倒卵状长圆形。花期 5~9 月，果期 8~10 月。

东莞偶见。生于荒地、溪边、林缘草丛。分布于中国秦岭以南及西南各省区。日本、朝鲜、越南、印度以及印度尼西亚也有分布。

全草入药，有清热、解毒、利水、消食、止血及散瘀的作用，可治呼吸道和消化道炎症及妇科病。幼叶称“马兰头”，可作蔬菜食用。

野菊 菊科，菊属

Chrysanthemum indicum Linnaeus

多年生草本。基生叶和茎下部叶花期凋谢；茎中部叶卵形或椭圆状卵形，羽状半裂、浅裂或边缘有浅锯齿，两面被稀疏短柔毛或下面毛多。头状花序，在茎、枝端排成疏松的伞房圆锥花序或伞房花序；舌状花结实，舌片黄色；管状花花冠黄色。瘦果。花期6~11月。

东莞各地常见。生于旷地、灌丛、河边水湿地或滨海盐渍地。分布于中国华南、华中、华北、东北及西南各地。日本、朝鲜、俄罗斯以及印度也有分布。

全草入药，有清热解毒、疏风散热、消炎、祛瘀、明目、降血压的功效。花可作茶饮。适宜庭院种植、盆栽观赏。

野茼蒿（革命菜）菊科，野茼蒿属

Crassocephalum crepidioides (Benth.) S. Moore

直立草本，高 0.2~1.2 m。叶膜质，椭圆形或长圆状椭圆形，边缘有不规则的锯齿或重锯齿，基部有时呈羽状分裂。头状花序数个在茎端排成伞房状，花全部两性，管状，花冠红褐色或橙红色。瘦果狭圆柱形，赤红色，具肋，被毛；冠毛多数，白色，绢毛状。花期几全年。

产于东莞塘厦（大屏嶂林场）、谢岗（石鼓水库、阴坑、银瓶嘴）。生于路旁、水边或灌丛中。分布于中国华南、华中、华东以及西南等地。非洲及东南亚、泰国也有分布。

全草入药，有健脾、消肿的作用，主治消化不良和脾虚浮肿等症。其嫩茎、叶也可作蔬菜。

羊耳菊（白牛胆）菊科，旋覆花属

Duhaldea cappa (Buchanan Hamilton ex D. Don) Pruski & Anderberg

亚灌木，高可达 2 m。根状茎粗壮，密被茸毛。下部叶花期脱落后留有被绵毛的腋芽；叶开展，长圆形或长圆状披针形，边缘有细齿或浅齿，叶面密被糙毛，叶背被灰白色的绢质茸毛。头状花序倒卵圆形，集成聚伞圆锥花序。瘦果长圆柱形。花期 6~10 月，果期 8~12 月。

产于东莞清溪（清溪林场）、樟木头、大岭山（大岭山林场、茶山顶）。生于荒地、灌丛或草地。分布于中国华南、华东以及西南地区。印度、马来西亚以及中南半岛也有分布。

根或全草入药，有行气止痛、祛痰、定喘、调经等作用，也可治跌打损伤。

鳢肠 菊科，鳢肠属

Eclipta prostrata (L.) L.

一年生草本，高达 60 cm。叶长圆状披针形或披针形，两面密被硬糙毛，边缘有细锯齿或有时仅波状。头状花序，总苞球状钟形，总苞片绿色，草质，2 层，背面及边缘被短伏毛。瘦果暗褐色，雌花瘦果三棱形；两性花瘦果扁四棱形，顶端截形。花期 6~9 月。

产于东莞塘厦（大屏嶂林场）、谢岗（南面村）。生于田野、河边或路边。分布于中国各省区。世界热带及亚热带广泛分布。

全草入药，有凉血、止血、消肿及强壮之效。

地胆草（地胆头）菊科，地胆草属

Elephantopus scaber L.

硬质草本。根状茎平卧或斜生。基生叶莲座状，花期宿存，匙形或倒披针状匙形，边缘有圆锯齿。头状花序多数，排成顶生的团球状的复头状花序；总苞狭，总苞片绿色或上端紫红色；管状花4朵，淡紫色或粉红色。瘦果长圆状线形，冠毛灰白色。花期7~11月。

东莞各地常见。生于路旁、山坡或山谷林缘。分布于中国华南、华东地区及云南、贵州。亚洲、美洲和非洲的热带地区也有分布。

全草入药，有清热解毒、消肿利尿的作用，可治感冒、胃肠炎、扁桃体炎、肾炎、肝硬化等症。民间常用来制作药膳。

白花地胆草 菊科，地胆草属

Elephantopus tomentosus L.

硬质草本。根状茎粗壮；茎直立，高 0.8~1 m 或更高。叶散生于茎上，基部叶花期凋谢；茎下部叶长圆状倒卵形；茎上部叶椭圆形或长圆状椭圆形；全部叶具锯齿。头状花序多数，在枝端密集成团球状复头状花序，花冠白色。瘦果长圆状线形。花期 8 月至翌年 5 月。

产于东莞樟木头（金河村上南水库）。生于山坡、旷野或灌丛中。分布于中国广东、香港、澳门、台湾、福建。热带地区广泛分布。

全株入药，功效同但不及地胆草。

小一点红 菊科，一点红属

Emilia prenanthoidea DC.

一年生草本。基部叶小，倒卵形或倒卵状长圆形，全缘或具疏齿；中部叶长圆形或线状长圆形，抱茎，边缘具波状齿；上部叶小。头状花序在茎上排成疏伞房状，花冠红色或紫红色，管部细，檐部5齿裂。瘦果圆柱形，冠毛白色。花、果期5~10月。

产于东莞谢岗（银瓶嘴）。生于路旁、疏林或林中潮湿处。分布于中国广东、香港、澳门、广西、浙江、福建、云南、贵州。印度至中南半岛也有分布。

全草入药，有消炎、杀菌及活血的作用，可治上呼吸道感染、肺炎及扁桃体炎等。嫩叶常作蔬菜食用，称为“红背叶”。

白子菜 菊科，三七草属

Gynura divaricata (L.) DC.

多年生草本。叶质厚，常集中生于下部，卵形、椭圆形或倒披针形，两面被短柔毛；叶柄被短柔毛，基部有具齿的耳。头状花序常在茎或枝端排成疏的伞房状圆锥花序；总苞钟形；管状小花橙黄色。瘦果圆柱形，褐色，冠毛绢毛状。花、果期10~12月。

产于东莞清溪（清溪林场）、谢岗（南面村及阴坑）、大岭山（大岭山林场及大岭山石洞景区）。生于山坡草地、田边、路旁或林缘。分布于中国南部及西南部各省。越南北部也有分布。

全草入药，有泻火、生津、凉血止血、舒筋接骨等作用。嫩叶常作蔬菜食用。

千里光 菊科，千里光属

Senecio scandens Buch.-Ham. ex D. Don

多年生攀缘草本。叶具柄，卵状披针形至三角形，边缘常具齿，两面被短柔毛至无毛。头状花序多数，排成顶生的伞房状或圆锥状花序；舌状花 8~10 朵，舌片黄色，顶端具 3 个细齿；管状花多数，花冠黄色，檐部漏斗形。瘦果圆柱形，被柔毛；冠毛白色。花期 8~12 月。

产于东莞清溪林场（三坑）、谢岗（阴坑）、塘厦（大屏嶂林场）。生于路边、林缘或灌丛中。分布于中国华南、华东、华中、西南地区以及陕西、甘肃。日本、印度、尼泊尔、菲律宾以及中南半岛各国也有分布。

茎、叶入药，有清热解毒、消炎消肿、清肝明目以及凉血的功效，主治呼吸道感染、痢疾、丹毒、疖肿等症。

豨莶 菊科，豨莶属

Siegesbeckia orientalis L.

一年生草本。叶纸质，三角状卵圆形或卵状披针形，边缘具浅裂或粗齿，两面被毛，边缘波状或全缘。头状花序多数排成顶生具叶的圆锥花序，总苞阔钟形；边缘雌花花冠舌状，黄色；中央两性花花冠管状，黄色，檐部钟状。瘦果倒卵形。花期4~9月，果期6~11月。

产于东莞塘厦（大屏嶂林场）。生于旷野、灌丛或林下。分布于中国华南、华东、西南地区以及甘肃、陕西。日本、朝鲜、俄罗斯、欧洲、北美洲常见。

全草入药，有清热解毒、镇痛、安神、降血压的功效。

苍耳 菊科，苍耳属

Xanthium strumarium L.

一年生草本。叶三角状卵形或心形，近全缘或有 3~5 明显浅裂，上面绿色，下面苍白色，被糙伏毛。雄头状花序球形，顶生；雌头状花序椭圆形；总苞片被短柔毛，花冠钟形；具瘦果的成熟总苞卵形或椭圆形，背面疏生细钩刺。瘦果 2 个，倒卵形。花期 7~8 月，果期 9~10 月。

产于东莞虎门（南面上围村）、东城（大王洲）。生于路旁、荒野或丘陵。几乎分布于中国各地。日本、朝鲜、俄罗斯、伊朗以及印度也有分布。

果实入药，小毒，有疏风、祛湿、消炎、镇痛的作用，主治鼻炎、疟疾、关节炎以及皮肤病等。种子可榨油，为制作油墨、肥皂、油毡的原料。

白花丹（乌面马）白花丹科，白花丹属

Plumbago zeylanica L.

常绿半灌木。枝条开散或上端蔓状，常被明显钙质颗粒。叶薄，通常长卵形，叶柄基部无或有常为半圆形的耳。穗状花序，花轴与总花梗皆有头状或具柄的腺；花冠白色或微带蓝白色，裂片倒卵形。蒴果长椭圆形，淡黄褐色。花期10月至翌年3月，果期12月至翌年4月。

东莞偶见。生于阴湿处或半遮荫的地方。分布于中国华南、西南、华东地区。南亚和东南亚各国也有分布。

根或叶入药，有祛风止痛、散瘀消肿的功效，叶外用可治跌打肿痛、扭挫伤、体癣等。花叶繁茂，为优良的观花灌木。

大车前 车前科，车前属

Plantago major L.

二年生或多年生草本。叶基生呈莲座状；叶片草质、薄革质或纸质，宽卵形至宽椭圆形，边缘波状，流生不规则齿状或近全缘。穗状花序基部常间断，花冠白色。蒴果近球形、卵球形至宽椭圆球形。种子卵形、椭圆形或菱形，黄褐色。花期6~8月，果期7~9月。

东莞偶见。产于樟木头（观音山）、塘厦（大屏嶂林场苗圃地周边）、谢岗（南面村路旁）。生于山地路旁、田边或荒地。分布于中国南北各地。

全草入药，有利尿、镇咳、止泻的功效。幼苗可作蔬菜食用。

大花金钱豹 桔梗科，金钱豹属

Campanumoea javanica Bl.

多年生缠绕草本。具乳汁，具胡萝卜状根。叶对生，极少互生，心形或心状卵形，边缘有浅锯齿，掌状脉 7。花大，单生于叶腋，各部无毛；花冠上位，白色或黄绿色，内面紫色，钟状，裂至中部。浆果紫红色，球状。种子不规则，表面有网状纹饰。花期 8~10 月。

产于东莞谢岗（南面村、银瓶嘴、芒头坑）。生于海拔 2400 m 以下的灌丛中或疏林中。分布于中国华南和西南地区。不丹至印度尼西亚也有分布。

根入药，有清热、镇静之效，治神经衰弱等症。根亦可蔬食。果实味甜，可食。花、果奇特，适宜盆栽观赏。

半边莲 半边莲科，半边莲属

Lobelia chinensis Lour.

多年生草本。叶互生，线形或披针形，全缘或上部有浅锯齿。花单生于分枝上部叶腋；花冠粉红色或白色，背面裂至基部，裂片全部平展于下方呈一平面，2侧裂片披针形，较长，中间3枚椭圆状披针形，较短。蒴果倒圆锥状。种子椭圆形。花、果期5~12月。

东莞偶见，产于东城（大王洲）。生于水田边、沟旁或湿地上。分布于中国长江中下游以南各个省区。亚洲东部至东南部也有分布。

全草入药，有清热解毒、利尿消肿之效，可解蛇虫咬伤之毒。其嫩茎、叶经处理后可作蔬菜食用。花色艳丽，花形美观，适宜作园林阴凉、湿地处地被。

铜锤玉带草 半边莲科，铜锤玉带属

Pratia nummularia (Lam.)

多年生草本。有白色乳汁。茎匍匐，通常被短柔毛。叶互生，2列，卵形、圆卵形或心形，边缘有锯齿，两面或下面疏生短柔毛。花单生于叶腋；花萼筒坛状；花冠紫红色、淡紫色、绿色或黄白色。浆果紫红色，椭圆状球形。种子多数，近球形，表面有小疣凸。花、果期全年。

东莞各地常见，产于清溪（清溪林场爆石）、谢岗（阴坑）。生于田边、路旁、草坡或疏林中潮湿地。分布于中国华南、西南至华东地区。印度、缅甸至巴布亚新几内亚也有分布。

全草入药，有祛风利湿，活血散瘀的功效，治风湿、跌打损伤等。果形独特，适宜盆栽观赏或作园林地被。

桔梗 桔梗科，桔梗属

Platycodon grandiflorus (Jacq.) A. DC.

多年生、直立草本。根圆柱形，肉质。叶全部轮生，部分轮生至全部互生，叶片卵形、卵状椭圆形至披针形，边缘具细锯齿，下面常被白粉。花单朵顶生，或数朵集成假总状花序，或有花序分枝而集成圆锥花序；花冠钟状，蓝紫色。蒴果倒卵形或球形。花期7~9月。

东莞偶见，产于清溪林场（龙潭、铁场狮子岩）、谢岗（银瓶嘴）。生于海拔2000 m以下的阳处草丛和灌丛中。分布于中国各地。朝鲜、日本和俄罗斯也有分布。

根入药，有止咳、祛痰、消炎等功效。花美丽，可供观赏。

大尾摇 紫草科，天芥菜属

Heliotropium indicum L.

一年生草本，高 20~50 cm。茎粗壮，直立，多分枝，被开展的糙伏毛。叶互生或近对生，宽卵形或卵状椭圆形，叶缘微波状，两面被糙伏毛和硬毛。镰状聚伞花序穗状，呈 2 列排列于花序轴的一侧，花冠淡蓝色或蓝紫色，高脚碟状。核果，核具肋棱。花、果期 4~10 月。

东莞偶见，产于同沙生态园（梁家庄）。生于荒地、河边、山坡、路边草丛中。分布于中国华南、华东及西南地区。热带及亚热带地区也有分布。

全草或根入药，有消肿解毒、排脓止痛、利尿的功效，治肺炎、腹泻、睾丸炎、白喉、口腔糜烂等症。株型饱满，花序美观，适宜作园林地被绿化。

苦蘵 茄科，洋酸浆属

Physalis angulata L.

一年生草本，高 30~50 cm。叶片卵形至卵状椭圆形，全缘或有不等大的波状齿，两面近无毛或仅脉处和叶缘具柔毛。花单生于叶腋，花冠淡黄色，花药蓝紫色或有时黄色。宿存萼片卵球形，纸质，绿色；浆果藏于宿萼内，球形。花、果期5~12月。

东莞偶见，产于东城（大王洲）。常生于海拔 500~1500 m 的山谷林下及村边路旁。分布于中国华东、华中、华南及西南地区。美洲及日本、印度、澳大利亚也有分布。

全草入药，有清热解毒、利尿、消肿等功效。嫩茎叶与成熟果可食。

丁公藤 旋花科，丁公藤属

Erycibe obtusifolia Benth.

木质藤本。老枝有棱。叶互生，革质，椭圆形、长圆形或倒卵形，全缘。总状聚伞花序腋生或顶生，密被锈色短柔毛，花小，白色，裂片纵带被黄褐色柔毛，小裂片三角形，全缘。浆果椭圆形，成熟时黑色，无毛。花期5月，果期10~11月。

东莞偶见。生于山地林中。分布于中国广东中部及沿海岛屿。

小枝或茎入药，有祛风除湿，消肿止痛的功效，能治筋骨痛、关节痛、中风等症。可作为观赏藤本植物，用于花架、围篱的绿化。

土丁桂 旋花科，土丁桂属

Evolvulus alsinoides (L.) L.

多年生草本。茎纤细，被紧贴或稍广展的淡黄色柔毛。叶长圆形或椭圆形，两面被紧贴的淡黄色柔毛。聚伞花序腋生，具花1至数朵，被柔毛；花冠辐状，白色、浅蓝色，有时淡紫色。蒴果球形，4瓣裂。种子黑色，平滑。花、果期2~11月。

东莞各地常见。生于低山疏林或灌丛林下、干草原或路边草地。分布于中国长江以南各省区。亚洲东南部和南部、非洲东部热带地区也有分布。

全草药用，有散瘀止痛、清热利湿、散瘀止痛的功效。主治哮喘、咳嗽、黄疸肝炎、胃痛、尿道感染、跌打损伤等症。

毛麝香 玄参科，毛麝香属

Adenosma glutinosum (L.) Druce

直立草本。全株被腺毛和柔毛。叶对生或上部互生，上部叶小而多变，下部叶卵形，边缘具不整齐锯齿，叶两面被长柔毛。花单生于叶腋或在茎枝顶端排成疏散、具苞叶的总状花序；花冠紫红色或蓝紫色，二唇形，内外均密被柔毛。蒴果卵形，先端具喙。花、果期7~10月。

产于东莞清溪镇（清溪林场）、谢岗（南面村银瓶嘴芒头坑）、樟木头（观音山）、大岭山（茶山顶）。常生于荒山坡、疏林下湿润处。分布于中国华东、华南、西南地区。南亚、东南亚和大洋洲也有分布。

全草入药，有祛风止痛、消肿散瘀等功效。花色鲜艳，适宜作花镜背景、花坛主题或切花，也可盆栽。

旱田草 玄参科，陌上菜属

Lindernia ruellioides (Colsm.) Pennell

草本，直立或具长而卧地生根的分枝。叶椭圆形、卵状长圆形或圆形，边缘密生整齐的锐锯齿，两面疏被粗短毛，羽状脉。顶生总状花序，花萼深裂至近基部，裂片线状披针形；花冠紫红色，二唇形。蒴果柱形。种子椭圆形，褐色。花、果期5~11月。

东莞偶见。生于田边或山地疏林下和草丛中。广泛分布于中国长江以南各地。印度至印度尼西亚、菲律宾也有分布。

全草入药，有理气活血、消肿止痛的功效，民间用于治红痢、蛇伤和疮疥。适宜作地被或在林下阴湿处栽种。

独脚金 玄参科，独脚金属

Striga asiatica (L.) O. Kuntze

一年生半寄生直立草本，株高 10~22 cm。全体被刚毛。叶仅基部的近对生，狭披针形，其余互生，钻状线形，有时鳞片状。花无梗，单朵腋生或在茎顶端形成穗状花序；花冠蝶状，通常黄色、淡黄色或红色。蒴果卵状，花柱宿存。花期秋季。

东莞偶见。生于庄稼地和荒草地，寄生于寄主的根上。分布于中国广东、香港、广西、福建、贵州。广泛分布于亚洲热带和非洲热带。

全草入药，有理气活血、消肿止痛的功效，用于治疗闭经、痛经、胃痛、小儿疳积等症。花色美丽，可作园林地被。

穿心莲 爵床科，穿心莲属

Andrographis paniculata (Burm. f.) Nees

一年生草本。叶卵状矩圆形至披针形，顶端略钝。总状花序，顶生或腋生，集成圆锥花序；花冠白色，下唇带紫色斑纹，外有腺毛和短柔毛，2唇形，花冠筒与唇瓣等长。蒴果扁，疏生腺毛。种子12颗，四方形，有皱纹。

东莞偶见。中国华南及西南地区有栽培，原产地可能为南亚。

茎、叶入药，极苦，有清热解毒、凉血消肿的功效，常用于治疗感冒发热、口舌生疮等症。

狗肝菜 爵床科，狗肝菜属

Dicliptera chinensis (L.) Ness.

草本，高 30~80 cm。茎节膨大膝曲状。叶卵状椭圆形，纸质，深绿色。花序腋生或顶生，3~4 个聚伞花序组成；总苞片宽倒卵形或近圆形；花冠淡紫红色，二唇形，上唇宽卵状近圆形，有紫红色斑点。蒴果，被柔毛，开裂时胎座自蒴底弹起。花、果期 9 月至翌年 2 月。

产于东莞谢岗（银瓶山）、麻涌镇（倒运海边）和虎门（威远炮台）。生于海拔 500 m 以下的旷野或疏林中。分布于中国华南、西南地区及台湾、澳门。孟加拉国、印度东北部和中南半岛也有分布。

全草入药，有清热解毒、生津利尿的功效。嫩茎叶可作蔬菜食用。

小驳骨 爵床科，驳骨草属

Justicia gendarussa N. L. Burman

草本或灌木。茎圆柱形，节膨大，具对生的分枝。叶纸质，狭披针形至披针状线形，全缘；中脉粗大，上面平坦，背面呈半柱状凸起。穗状花序顶生，下部间断，上部密花；花冠白色或粉红色，上唇长圆状卵形，下唇浅3裂。蒴果长1.2 cm，无毛。花期春季。

东莞各地常见。生于村边路旁或灌丛中。分布于中国华南地区及台湾、云南。印度、斯里兰卡、中南半岛至马来西亚也有分布。

茎、叶入药，有活血化瘀、祛风消肿、止痛的功效，用于治风邪、跌打等症。可作园林地被植物。

爵床 爵床科，爵床属

Justicia procumbens Linnaeus

草本，高 20~50 cm。茎基部匍匐，常有短硬毛。叶椭圆形至椭圆状长圆形，两面常被短硬毛。穗状花序顶生或生于上部叶腋；花冠粉红色，二唇形。蒴果长约 5 mm，上部具种子 4 颗，下部实心似柄状。种子表面有瘤状皱纹。花期夏、秋季，果期秋季。

产于东莞大岭山（马山庙、大岭山森林公园）。生于沟谷灌丛中。分布于中国秦岭以南，东至江苏、台湾，南至广东、香港、澳门。广泛分布于亚洲南部至澳大利亚。

全草入药，治咽喉肿痛、感冒发热、腰背痛、创伤等症。

黑叶小驳骨（大驳骨） 爵床科，驳骨草属

Justicia ventricosa Wallich ex Hooker

多年生草本或亚灌木，高约 1 m。叶纸质，椭圆形至倒卵形，常有颗粒状突起，中脉粗大，腹面稍凸。穗状花序顶生；苞片大，覆瓦状排列，阔卵形或近圆形，被微柔毛；花冠白色或粉红色，上唇长圆状卵形，下唇浅 3 裂。蒴果长约 8 mm，被柔毛。花期冬季。

东莞偶见。生于疏林下或灌丛中。分布于中国华南和西南地区。中南半岛也有分布。

全草入药，有续筋接骨、祛风湿之效，治跌打扭伤、关节炎、慢性腰腿痛等。

灵枝草（仙鹤灵芝草）爵床科，灵枝草属

Rhinacanthus nasutus (L.) Kurz

多年生、直立草本或亚灌木。叶椭圆形或卵状椭圆形，稀披针形，边全缘或稍呈浅波状，纸质，背面被密柔毛。小聚伞花序组成圆锥花序，顶生或腋生，花序 2~3 回分枝；花冠白色，被柔毛，上唇线状披针形，短于下唇。

产于东莞塘厦（大屏嶂）。生于灌丛或疏林下。分布于中国云南，广东、澳门和海南有栽培。东南亚也有分布。

根、叶和种子均可治轮癣和其他皮肤病，叶可去汗疣，根可解毒蛇咬伤，枝、叶同水煎服可治肺结核、咳嗽和高血压等。

孩儿草 爵床科，孩儿草属

Rungia pectinata (L.) Nees

一年生纤细草本。枝圆柱状。叶薄纸质，下部叶长卵形，长可达 6 cm。穗状花序密花，顶生或腋生；苞片 4 列，仅 2 列有花；花冠淡蓝色或白色，除下唇外无毛，上唇顶端骤然收狭，下唇裂片近三角形。蒴果。花期早春。

产于东莞长安镇（莲花山公园）。生于草地上。分布于中国华南地区和云南。印度、斯里兰卡、泰国和中南半岛也有分布。

全草入药，有去积、除滞、清火之效，常用于治疗小儿食积。

板蓝（马蓝）爵床科，马蓝属

Strobilanthes cusia (Nees) O. Kuntze

草本，高可达 1 m。茎直立或基部外倾，成对分枝，嫩枝部分和花序均被锈色、鳞片状毛。叶柔软，纸质，椭圆形或卵形，边缘有稍粗的锯齿，两面无毛。穗状花序直立，苞片对生。蒴果长 2~2.2 cm，无毛。种子卵形。花期 11 月。

产于东莞谢岗镇（阴坑）。生于潮湿之地。分布于中国华南、西南地区及湖南、福建、台湾。孟加拉国、缅甸、印度东北部、喜马拉雅等地至中南半岛也有分布。

根、叶可入药，有清热解毒、凉血消肿之效，也可防流感，治疗中暑、毒蛇咬伤、肠炎、肝炎等。可做染料的原材料。枝叶翠绿，花美丽，适宜作园林阴湿处地被。

大花老鸦嘴（山牵牛）爵床科，山牵牛属

Thunbergia grandiflora Roxb.

攀缘藤本，分枝较多。叶柄长达 8 cm，被侧生柔毛；叶片卵形、宽卵形至心形，密被柔毛，上面被柔毛。花单生于叶腋或成顶生总状花序；苞片小，卵形，先端具短尖头；花冠管连同喉白色；冠檐蓝紫色，裂片圆形或宽卵形，先端微缺。蒴果被短柔毛。花、果期夏季至秋季。

产于东莞谢岗镇（阴坑、南面村棚坑）和清溪林场（杨桥坑）等。生于山地灌丛中。分布于中国华南地区。印度和中南半岛也有分布。世界热带地区植物园多有栽培。

根、叶入药，有活血止痛、解毒消肿的功效，主治胃痛、跌打损伤等症。花大色艳，可作为绿篱、花架等的装饰藤本植物。

尖尾枫 马鞭草科，紫珠属

Callicarpa dolichophylla Merr.

灌木或小乔木。小枝紫褐色，四棱形，节上有毛环。叶披针形或椭圆披针，顶端尖锐，基部楔形，表面仅主脉和侧脉有多细胞的单毛，背面有细小的黄色腺点。花序被多细胞的单毛，花小而密集，花冠淡紫色。果实扁球形，无毛，有细小腺点。花期7~9月，果期10~12月。

产于东莞谢岗（银瓶嘴保护区）。生于山坡或谷地丛林中。分布于中国华南、华东、西南地区。越南也有分布。

全株入药，可镇痛、止血、散瘀消肿、祛风湿等。

大叶紫珠 马鞭草科，紫珠属

Callicarpa macrophylla Vahl.

灌木，稀小乔木。小枝近方柱形，密被灰白色糠秕状分枝茸毛，稍有臭味。叶片长椭圆形，边缘被细锯齿，表面被短毛，背面密被灰白色分枝茸毛，腺点隐于毛中。聚伞花序，5~7 次分歧，花序梗粗壮；萼杯状；花冠紫色。果实球形，有腺点和微毛。花期 4~7 月，果期 7~12 月。

东莞各地常见。生于山坡或谷地溪旁林中和灌丛中。分布于中国华南地区。东南亚也有分布。

叶入药，有散瘀止血，消肿止痛的功效，主治咯血、吐血、创伤出血、跌打瘀肿、风湿痹痛等症。花、果和叶皆具观赏性，适宜盆栽或作园林灌木栽培。

裸花紫珠 马鞭草科，紫珠属

Callicarpa nudiflora Hook. et Arn.

灌木至小乔木。老枝无毛而皮孔明显。小枝、叶柄、叶背与花序密生灰褐色分枝茸毛。叶片卵状长椭圆形至披针形，边缘具疏齿或微波状。聚伞花序开展，6~9次分歧；花萼杯状，常无毛；花冠紫色或粉红色，无毛。果实近球形，红色。花期6~8月，果期8~12月。

东莞偶见。生于山坡、谷地、溪旁林中或灌丛中。分布于中国华南地区。东南亚也有分布。

叶入药，有散瘀止血、消肿止痛的功效，主治外伤出血、跌打肿痛、风湿肿痛等，为制取止血注射剂的原材料。

杜虹花（老蟹眼）马鞭草科，紫珠属

Callicarpa pedunculata R. Br.

灌木，高 1~3 m。小枝、叶柄、叶背和花序密生灰黄色星状毛和分枝毛。叶卵状椭圆形或椭圆形边缘有细锯齿，表面被短硬毛，背面被灰黄色星状毛和细小黄色腺点。聚伞花序，常 4~5 次分歧；花冠紫色或淡紫色。果实近球形，紫色。花期 5~7 月，果期 8~11 月。

产于东莞清溪（清溪林场桥坑）、樟木头、谢岗（南面村芒头排、鹰坑）。生于平地、山坡和溪边的林中或灌丛中。分布于中国华南、华东和西南地区。菲律宾也有分布。

叶药用，可补肾清血，治风湿、神经痛、喉痛等症。花果艳丽，果期长，适宜盆栽观赏或作园林灌木。

红紫珠 马鞭草科，紫珠属

Callicarpa rubella Lindl.

灌木，高约 2 m。小枝、花序被黄褐色星状毛并杂有腺毛。叶片倒卵形或倒卵状椭圆形，背面被星状毛并杂有腺毛和单毛，有黄色腺点，边缘有三角状锯齿。聚伞花序；苞片细小，卵圆形；花冠紫红色、黄绿色或白色。果实紫红色。花期 5~7 月，果期 7~11 月。

产于东莞谢岗（银瓶嘴保护区、鹰坑）、大岭山（茶山顶、石洞景区）。生于山坡、河谷的林中或灌丛中。分布于中国华南、华东及西南地区。南亚、东南亚也有分布。

根、嫩枝及叶入药，可止血、接骨。

大青（路边青）马鞭草科，大青属

Clerodendrum cyrtophyllum Turcz.

灌木或小乔木，高 1~10 m。叶片纸质，椭圆形、卵状椭圆形、长圆形或长圆状披针形，背面常有腺点。伞房状聚伞花序，生于枝顶或叶腋；花小，有橘香味；花冠白色，外被疏生细毛和腺点。果实球形或倒卵形，熟时蓝紫色，为红色的宿萼所托。花、果期 6 月至翌年 2 月。

东莞各地常见。生于平原、丘陵、山地林下或溪谷旁。分布于中国华东、中南、西南地区。朝鲜、越南和马来西亚也有分布。

根、茎及叶入药，有清热解毒、凉血利尿的作用，主治外感热病热盛烦渴、咽喉肿痛、外伤出血等。花及嫩茎叶可作蔬菜食用，历史悠久。

鬼灯笼（白花灯笼）马鞭草科，大青属

Clerodendrum fortunatum L.

灌木，高达2.5 m。叶纸质，长椭圆形或倒卵状披针形，全缘或波状，表面被疏生短柔毛，背面密生细小黄色小腺点。聚伞花序腋生，1~3次分枝；花萼红紫色，具5棱，膨大似灯笼；花冠淡红色或白色稍带紫色。核果近球形，熟时深蓝绿色，藏于宿萼内。花、果期6~11月。

产于东莞谢岗（银瓶嘴保护区、观音座莲向山）、樟木头（金河村上南水库）、清溪林场（龙潭）、大岭山（石洞景区）。生于丘陵、山坡、路边、村旁和旷野。分布于中国华南及江西南部。

根或全株入药，有清热解毒、止咳镇痛的功效，常用于治疗感冒发热、咽喉炎等。

赪桐（荷包花）马鞭草科，大青属

Clerodendrum japonicum (Thunb.) Sweet

灌木。叶片圆心形，顶端尖，边缘有疏短尖齿，表面疏生伏毛，背面密具锈黄色盾形腺体。二歧聚伞花序组成顶生圆锥花序，最后侧枝呈总状花序；花萼红色；花冠红色，稀白色。果实椭圆状球形，绿色或蓝黑色，宿萼增大，成熟后向外反折成星状。花、果期 5~11 月。

东莞偶见，产于清溪林场、谢岗（大横坑）、樟木头（金河村上南水库）。多生于溪边或林下、平原、山谷中。分布于中国华东、华南和西南地区。南亚及中南半岛和马来西亚、日本也有分布。

根、叶入药，有祛风利湿、消肿散瘀之效，常作跌打、催生药。为优良的观花灌木，在园林中可丛植、列植或群植。

马缨丹（五色梅）马鞭草科，马缨丹属

Lantana camara L.

直立或蔓性灌木。茎枝均呈四方形，有短而倒钩状刺。单叶对生，叶片卵形至卵状长圆形，表面多皱，叶揉烂后有强烈气味。花密集成头状；花萼管状，顶端有极短的齿；花冠略呈二唇形，花冠黄色或橙黄色，后转深红色。果圆球形，熟时紫黑。全年开花。

东莞各地常见，逸为野生。生于海边沙滩和旷地。分布于中国华南及华东地区。原产于美洲热带。

根、叶和花入药，有清热解毒、散结止痛、祛风止痒的功效。其花量大、花期长、花色艳丽，适宜作盆栽摆放和木本地被。

豆腐柴 马鞭草科，豆腐柴属

Premna microphylla Turcz.

直立灌木。幼枝有柔毛，老枝变无毛。叶揉之有臭味，椭圆形、卵形或倒卵形，全缘至不规则锯齿。聚伞花序顶生成塔形的圆锥花序；花萼杯状，绿色，边缘常有睫毛；花冠淡黄色，花冠内部有柔毛。核果紫色，球形至倒卵形。花、果期5~10月。

产于东莞谢岗（银瓶嘴保护区）。生于山坡林下或林缘。分布于中国华南、华东、中南及西南地区。日本也有分布。

根、茎、叶入药，可清热解毒。叶可制豆腐。

马鞭草（凤须草）马鞭草科，马鞭草属

Verbena officinalis L.

多年生草本。茎四方形，近基部为圆形，节和棱上有硬毛。叶对生，卵圆形至倒卵形或长圆状披针形，叶的边缘常有锯齿或缺刻，两面均有硬毛。穗状花序顶生和腋生，结果时长达25 cm；花冠淡蓝至蓝色。果长圆形。花期6~8月，果期7~10月。

东莞各地常见。生于路边山坡、溪边或林旁。分布于中国华南、华东、华中、西北及西南地区。广泛分布于世界温带至热带地区。

全草入药，有凉血散瘀、清热解毒的功效，主治疟疾、伤风感冒等症。嫩茎叶可食。适宜作园林地被或布置花坛、花境。

牡荆 马鞭草科，牡荆属

Vitex negundo L. var. cannabifolia (Siebold et Zucc.) Hand.-Mazz.

落叶灌木或小乔木。小枝四棱形，密生灰白色茸毛。叶对生，掌状复叶，小叶5片，少有3；小叶片披针形或椭圆状披针形，具粗锯齿，常被柔毛。聚伞花序排成圆锥花序顶生，花冠淡紫色。果实近球形，黑色。花期6~7月，果期8~11月。

产于东莞谢岗（南面村路旁）、同沙生态园梁家庄、虎门（威远炮台）、清溪林场（杨桥坑）。生于丘陵山地林中。分布于中国华南、华东、西南地区。日本也有分布。

茎叶治久痢，种子为镇静、镇痛药，根可驱蛲虫。树姿优美，适宜布置于草坪、花坛花境以及路旁。

广防风（防风草）唇形科，广防风属

Anisomeles indica (L.) Kuntze

直立粗壮草本。茎四棱形，具浅槽，密被白色贴生短柔毛。叶阔卵圆形，边缘有不规则的锯齿，两面被毛。轮伞花序在主茎及侧枝顶端排列成稠密或间断的长穗状花序，花冠淡紫色。小坚果黑色，具光泽，近圆球形。花期8~9月，果期9~11月。

东莞各地常见，产于企石（东丫湖边）、东城（大王洲）。生于热带及南亚热带的林缘或路旁等荒地上。分布于中国华南、华东、华中及西南地区。东南亚及印度也有分布。

全草入药，有疏风散热、除湿止痛、活血化瘀等功效，主治感冒发热、风湿关节痛、胃痛等症。

细风轮菜（瘦风轮）唇形科，风轮菜属

Clinopodium gracile (Benth.) Matsum.

多年生纤细草本。茎柔弱，四棱形，具槽。最下部的叶圆卵形，细小，边缘具疏圆齿，较下部或全部叶均为卵形，边缘具疏牙齿或圆齿状锯齿。轮伞花序分离，或密集于茎端成短总状花序；花冠白色至紫红色，外面被微柔毛。小坚果卵球形，光滑。花期 6~8 月，果期 8~10 月。

产于东莞塘厦（大屏嶂林场苗圃地周边）。生于路旁、沟边、空旷草地或灌丛中。分布于中国华南、华东、华中、西南及陕西南部。东南亚、印度、日本也有分布。

全草入药，有清热解毒、祛风止痛等功效，治感冒头痛、中暑腹痛、荨麻疹、过敏性皮炎、跌打损伤等。适宜作园林地被。

香茶菜 唇形科，香茶菜属

Isodon amethystoides (Benth.) H. Hara

多年生直立草本。茎四棱形，具槽，密被毛。叶卵状圆形、卵形至披针形，边缘有疏圆锯齿，上面被疏短毛，下面脉上有柔毛和腺点。聚伞花序顶生，排列成疏散的圆锥花序；花冠白、蓝白或紫色，上唇带紫蓝色，二唇形。小坚果卵形，黄栗色。花期 6~10 月，果期 9~11 月。

东莞偶见。生于林下或草丛中的湿润处。分布于中国华南、华东地区。

全草入药，可治闭经、跌打损伤；根入药，可治蛇伤。

益母草 唇形科，益母草属

Leonurus japonicus Houtt.

一年或二年生草本。茎钝四棱形，有倒向糙伏毛。叶轮廓变化很大，茎下部叶卵形，掌状3裂，中部叶菱形，常3裂。穗状轮伞花序腋生，具8~15朵花；花冠粉红至淡紫色，二唇形，外面伸出萼筒部分被柔毛。小坚果长圆状三棱形。花期6~9月，果期9~10月。

东莞各地常见，产于谢岗（南面村、石鼓水库）。生于林下阳处。分布于中国各地。世界广泛分布。

全草入药，可调经止血。嫩茎叶常作蔬菜食用。

薄荷 唇形科，薄荷属

Mentha canadensis L.

多年生草本植物。具匍匐根状茎，被倒向微柔毛，四棱形，上部有倒向柔毛。叶对生，长圆形或卵状披针形，边缘具深锯齿，两面有毛和油腺，有清凉浓香。花淡紫或白色，极小，腋生，成疏离的轮伞花序；花冠唇形。小坚果卵形。花果期 8~11 月。

东莞各地常见栽培，产于谢岗(南面村、石鼓水库)。生于水边潮湿处。分布于中国各地。北美洲及东亚、东南亚和俄罗斯也有分布。

全草可入药，可治感冒发热、喉痛等。茎叶为常用香料，还可制茶。

小鱼仙草（香花草）唇形科，石荠苎属

Mosla dianthera (Buch. Ham. ex Roxburgh) Maxim.

一年生草本。茎四棱形，具浅槽，近无毛。叶多为卵状披针形或菱状披针形，先端渐尖或急尖，边缘具锐尖的疏齿点。总状花序生于枝端，通常多数，花萼钟形，花冠淡紫色，二唇形。小坚果近球形，灰褐色，具疏网纹。花果期 5~11 月。

东莞偶见。生于山坡、路旁或水边。分布于中国华南、华东、华中、西南、西北地区。东南亚及日本也有分布。

全草入药，有祛风发表、利湿止痒、消炎止血的功效，主治感冒头痛、扁桃体炎、中暑等。

石荠苎 唇形科，石荠苎属

Mosla scabra (Thunb.) C. Y. Wu et H. W. Li

一年生草本。茎四棱形，密被短柔毛。叶卵形或卵状披针形，边缘近基部全缘，纸质。总状花序生于枝端，花梗与花序轴密被灰白色小疏柔毛；花萼钟形或二唇形；花冠二唇形，粉红色。花盘前方呈指状膨大。小坚果球形，黄褐色，具深雕纹。花期5~11月，果期9~11月。

东莞偶见。生于山坡、路旁或灌丛下。分布中国西北、华东、华中、华南地区。日本和越南北部也有分布。

全草入药，有清暑热、祛风湿、消肿、解毒的功效，治感冒、中暑、长痱子、皮肤搔痒、便秘、内痔、便血、疥疮、脚气等。此外全草又能杀虫，根可治疮毒。

罗勒（荆芥）唇形科，罗勒属

Ocimum basilicum L.

一年生草本。茎直立，钝四棱形，上部被倒向微柔毛。叶卵圆形至卵圆状长圆形，边缘具不规则齿，下面具腺点。总状花序顶生，各部均被微柔毛，由多数具 6 朵花交互对生短轮伞花序组成；花萼钟形，呈二唇形；花冠淡紫色。小坚果卵珠形。花期通常 7~9 月，果期 9~12 月。

东莞各地常见栽培，已逸为野生。生于山地路旁、林边。分布于中国华北、华东、华中、华南、西南地区，在南部各省区已逸为野生。非洲至亚洲温暖地带也有分布。

含芳香油，用于香料、茶饮，有祛风、芳香、健胃及发汗作用。

紫苏 唇形科，紫苏属

Perilla frutescens (L.) Britt.

一年生草本。有特异芳香。茎四棱形，紫色、绿紫色或绿色，被长柔毛。单叶对生，叶片宽卵形或圆卵形，边缘具粗锯齿，两面紫色，或面青背紫。轮伞花序2朵花，组成项生和腋生的假总状花序；花盘前方呈指状膨大。小坚果近球形。花期8~11月，果期8~12月。

东莞各地常见。生于荒野、空旷地。中国各地有栽培。

可食用、药用和制作香料。

凉粉草（仙人伴）唇形科，逐风草属

Platostoma palustre (Blume) A. J. Paton

草本。茎、枝四棱形。叶狭卵圆形至阔卵圆形或近圆形，在小枝上者较小，先端急尖或钝，边缘具或浅或深锯齿，纸质或近膜质。轮伞花序多数，组成间断或近连续的顶生总状花序；花萼开花时钟形；花冠白或淡红色，二唇形。小坚果长圆形，黑色。花、果期7~10月。

东莞偶见，产于大岭山（茶山顶）。生于水沟边及干沙地草丛中。分布于中国华南、华东地区。

可制凉粉，生津解暑。

半枝莲（狭叶韩信草）唇形科，黄芩属

Scutellaria barbata D. Don

直立草本。茎四棱形。叶片三角状卵圆形或卵圆状披针形，边缘生有疏而钝的浅牙齿，两面沿脉上疏被紧贴的小毛或几无毛。花单生于茎或分枝上部的叶腋内；花萼边缘具短缘毛；花冠紫蓝色，二唇形；花盘盘状。小坚果褐色，扁球形。花、果期4~7月。

产于东莞谢岗（南面村、石鼓水库）。生于水田边、溪边或湿润草地。主要分布于中国华中、华东、华南及西南地区。南亚、东南亚及东亚也有分布。

全草入药，有清热解毒、活血祛瘀、消肿止痛等作用，可内服，外用消炎止血、祛痱。适合作园林地被。

韩信草（大力草）唇形科，黄芩属

Scutellaria indica L.

多年生草本。茎四棱形，常带暗紫色，被微柔毛。叶草质至近坚纸质，卵圆形至椭圆形，边缘密生整齐圆齿，两面有毛。花对生，在茎或分枝顶上排成总状花序，花梗与序轴均被微柔毛；花萼被微柔毛及硬毛；花冠蓝紫色，二唇形；花盘肥厚，前方隆起。小坚果熟时栗色或暗褐色，卵形。花、果期 2~6 月。

东莞各地常见，产于清溪（清溪林场爆石）、谢岗（银瓶嘴）。生于山地或丘陵地、疏林下、路旁空地及草地。主要分布于中国华中、华南、华东及西南地区。东亚、东南亚及印度也有分布。

全草入药，可散血消肿、祛风、强筋骨。适宜作园林地被、盆栽观赏。

鸭跖草 鸭跖草科，鸭跖草属

Commelina communis L.

一年生披散草本。茎匍匐生根，多分枝。叶披针形至卵状披针形。总苞片佛焰苞状，与叶对生，折叠状；聚伞花序下面一枝仅有花1朵，不育，上面一枝具花3~4朵，能育，几不伸出佛焰苞外；花瓣深蓝色，后方2枚具梗。蒴果椭圆形。种子棕黄色。花期夏季。

产于东莞清溪（清溪果园）、谢岗（石鼓水库）。生于湿地、田边。除青海、新疆、西藏外，中国各地均有分布。东南亚、东亚和北美洲也有分布。

茎、叶入药，苦凉，有消肿利湿、清热解毒的功效，对感冒发热、咽喉肿痛、麦粒肿、扁桃腺炎、宫颈糜烂、蝮蛇咬伤有良好疗效。

聚花草 鸭跖草科，聚花草属

Floscopa scandens Lour.

多年生草本。叶椭圆形至披针形，上面有鳞片状凸起，无柄或有带翅的短柄。聚伞圆锥花序顶生和腋生，扫帚状；花瓣蓝色或紫色，倒卵形。蒴果圆形或椭圆形，直径约 2 mm，稍压扁。种子半球形，灰白色。花期 7~11 月。

产于东莞清溪（清溪林场杨桥坑）。生于湿地上。分布于中国南部至西南部。印度、缅甸、越南、澳大利亚也有分布。

全草药用，苦凉，可清热解毒、利水。花色艳丽，适宜作湿地观赏植物。

华南谷精草（谷精珠、大叶谷精草）谷精草科，谷精草属

Eriocaulon sexangulare L.

大型草本。叶丛生，先端钝，对光能见横格。花葶5~20个，长可达60 cm，扭转，具4~6棱；花序熟时近球形，灰白色；总苞片倒卵形，禾秆色，背面有白短毛；雄花花萼佛焰苞状，花药黑色。种子表面具横格及T字形毛。花、果期夏至冬季。

东莞各地常见，产于清溪林场（十二排石禾坪）、樟木头（金河村上南水库）、大岭山（金鸡咀水库）、谢岗（银瓶嘴）。生于山地、密林、水边湿地和稻田边。分布于中国华南地区。南亚、东南亚也有分布。

花序可作中药“谷精珠”入药，有疏散风热、明目退翳的功效。

红豆蔻（红扣、大高良姜）姜科，山姜属

Alpinia galangal (L.) Willd.

多年生草本。根茎块状，稍有香气。叶片长圆形或披针形，两面均无毛或于叶背被长柔毛，干时边缘褐色；叶舌近圆形。圆锥花序密生多花，花序轴被毛；花绿白色，有异味；唇瓣倒卵状匙形，白色，间有红线条。果长圆形，熟时红棕色或枣红色。花期 5~8 月，果期 9~11 月。

东莞偶见，产于谢岗（石鼓水库、观音座莲向山、大横坑）、樟木头（金河村上南水库）。生于山地、水旁、密林中。分布于中国华南、西南地区。亚洲热带地区广泛分布。

果实入药，能祛湿、散寒、消食；根茎入药，能散寒、暖胃、止痛。

草豆蔻（海南山姜）姜科，山姜属

Alpinia hainanensis K. Schum.

多年生草本，高达 3 m。叶片线形，顶端渐尖并有一旋卷的尾状尖头，两面均无毛。总状花序中等粗壮，花序轴“之”字形，被黄色、稍粗硬的绢毛，顶部具长圆状卵形的苞片；花萼钟状；唇瓣倒卵形。蒴果球形，直径 2~3 cm，黄色具粗毛。花期 4~6 月，果期 5~8 月。

产于东莞塘厦（大屏嶂林场苗圃地周边）、长安（莲花山水库）、谢岗（南面村芒头排、鹰坑）、清溪（清溪林场三坑）。生于山地或海边潮湿处。分布于中国华南地区。越南也有分布。

果实入药，有燥湿健脾、温胃止呕的功效。果常作烹饪香料。枝叶繁茂，适宜作园林地被。

高良姜 姜科，山姜属

Alpinia officinarum Hance

多年生草本，高 40~110 cm。叶片线形，两面均无毛，无柄；叶舌披针形。总状花序顶生，直立，花序轴被茸毛；花冠管较萼管稍短，裂片长圆形；唇瓣卵形，白色而有红色条纹；子房密被茸毛。果球形，直径约 1 cm，熟时红色。花期 4~9 月，果期 5~11 月。

产于东莞大岭山（石洞景区）。分布于中国南部及西南部。越南也有分布。

根茎入药，有温胃止呕、散寒止痛的功效。蒸馏其根茎可得高良姜油，为烹调用香料。

闭鞘姜 姜科，闭鞘姜属

Hellenia speciosa (J.Koenig) S.R.Dutta

多年生草本，高 1~2 m。叶片长圆形或披针形，叶背密被绢毛。穗状花序顶生，椭圆形或卵形；苞片卵形，革质，红色；花冠管短，裂片长圆状椭圆形，白或红色；唇瓣宽倒卵形，纯白色，皱波状。蒴果稍木质，红色。种子黑色，光亮。花期 7~9 月，果期 9~11 月。

东莞偶见。生于疏林、山谷、阴湿地。分布于中国华南、华东及西南地区。南亚、东南亚和澳大利亚也有分布。

根茎入药，可消炎利尿、散瘀消肿。花大、洁白素雅，园林中常丛植于路边、林缘或水岸边。

郁金（毛姜黄、姜黄）姜科，姜黄属

Curcuma aromatica Salisb.

多年生草本，高约 1 m。根茎肉质肥大，椭圆形或长椭圆形，黄色，芳香；根端膨大呈纺锤状。叶基生，叶片长圆形，叶背被短柔毛。花莛单独由根茎抽出，与叶同时发出或先叶而出；穗状花序圆柱形；花冠管漏斗，白而带粉红色，唇瓣黄色。花期 4~6 月。

东莞偶见。生于林下。分布于中国东南部至西南部各省区。东南亚各地也有分布。

块根入药，为健胃、镇痛药，有破瘀、行气解郁、止痛、通经的功效。花素雅秀丽，适宜栽种于池边湖畔。

蘘荷（野姜）姜科，姜属

Zingiber mioga (Thunb.) Rosc

多年生草本，高 50~100 cm。叶片披针状椭圆形或线状披针形，叶面无毛，叶背无毛或被稀疏的长柔毛。穗状花序椭圆形；苞片覆瓦状排列，椭圆形，红绿色，具紫脉；花冠淡黄色；唇瓣卵形，中部黄色，边缘白色。蒴果倒卵形，果皮里面鲜红色。花期 8~10 月。

东莞偶见，产于谢岗（银瓶嘴）。生于林中、山谷阴湿处。分布于中国华南、华东地区。日本也有分布。

食用或药用，可活血调经、镇咳祛痰、消肿解毒。

红球姜 姜科，姜属

Zingiber zerumbet (L.) Roscose ex Smith

多年生草本，株高 0.6~2 m。根茎块状，内部淡黄色。叶片披针形至长圆状披针形，无毛或背面被疏长柔毛。花序球果状，顶端钝；苞片覆瓦状排列，初时淡绿色，后变红色；唇瓣淡黄色，中央裂片近圆形或近倒卵形。蒴果椭圆形。种子黑色。花期 7~9 月，果期 10 月。

东莞偶见，产于谢岗（银瓶嘴）。生于林下荫湿处。分布于中国广东、广西、云南等省区。

根茎能祛风解毒，治肚痛、腹泻，并可提取芳香油作香精原料。嫩茎叶可当蔬菜。

蕉芋 美人蕉科，美人蕉属

Canna indica 'Edulis'

多年生直立草本，高达 3 m。根茎发达，多分枝，块状。叶片长圆形或卵状长圆形，叶面绿色，边缘或背面紫色。总状花序单生或分叉，花单生或 2 朵聚生，被蜡质粉霜；花冠管杏黄色，花冠裂片杏黄色，顶端紫色。蒴果，3 瓣裂，有小瘤体。花期 9~10 月。

东莞有栽培，已逸为野生。分布于中国华南、西南地区。原产西印度群岛及南美洲。

块茎可煮食或提取淀粉，或制粉条、酿酒以及供工业用。茎叶纤维可造纸或制绳索。

天门冬 百合科，天门冬属

Asparagus cochinchinensis Merr.

多年生攀缘草本。根中部或近末端成纺锤状。茎平滑，常弯曲或扭曲，分枝具棱或窄翅。叶状枝常 3 枚成簇，扁平或中脉龙骨状微呈锐三棱形，稍镰刀状。花常 2 朵腋生，淡绿色。浆果径 6~7 mm，成熟时红色，具 1 颗种子。花期夏季，果期秋季。

东莞各地常见，产于谢岗（南面棚坑、大横）。生于疏林或旷野灌丛中。分布于中国华南、华中、华东、西南、西北地区。东亚及老挝、越南也有分布。

块根药用，有滋阴润燥、清火止咳的功效。枝叶翠绿茂盛，鲜果红球形，适宜布置花坛和盆栽观赏。

蜘蛛抱蛋 百合科，蜘蛛抱蛋属

Aspidistra elatior Bl.

多年生草本。根茎坚硬，横卧，具粗壮的根。叶阔长圆状披针形至阔椭圆状长圆形，基部渐狭而具一长柄。总花梗短，紧靠地面，顶生1花；花紫褐色，花被肉质，钟状，裂片狭三角形，上面有疣状凸起组成的2脊。浆果球形，径约1 cm，绿色，花柱宿存。花期2~5月。

东莞各地常见，产于谢岗（银瓶嘴）。生于林中阴湿处。分布于中国广东、海南，中国各地都有栽培。日本也有分布。

根茎入药，可治疗病后体虚、肾虚腰痛、筋骨痛、跌打损伤、经闭腹痛等症。园林中常用的地被植物。

竹根七 百合科，竹根七属

Disporopsis fuscopicta Hance

多年生草本。根状茎连珠状。茎高达 50 cm。叶纸质，卵形、椭圆形或长圆状披针形。花 1~2 朵生于叶腋，白色，内面带紫色，稍俯垂；花被钟形，花被筒长约为花被的 2/5。浆果近球形，径 0.7~1.4 cm，具 2~8 颗种子。花期 4~5 月，果期 11 月。

产于东莞谢岗（银瓶嘴）。生于林下或山谷中。分布于中国华南、华中和西南等地区。

根状茎入药，有清热解毒、祛痰止咳、止血的功效。

南投万寿竹 百合科，万寿竹属

Disporum nantouense S.S.Ying

多年生草本。根状茎肉质，横出，长 3~10 cm。茎高 30~60 cm，上部具叉状分枝。叶纸质，披针形、卵状长椭圆形至宽椭圆形，叶柄极短。花黄色、绿黄色或白色，筒状，1~5 朵顶生；花被片近直立，倒卵状披针形。浆果近球形。花期 3~6 月，果期 6~11 月。

东莞偶见。生于林下或灌木丛中。分布于中国华南、华中、华东及西南地区。朝鲜和日本也有分布。

根状茎供药用，有益气补肾、润肺止咳之效。

萱草 百合科，萱草属

Hemerocallis fulva (L.) L.

多年生丛生草本。根近肉质，中下部有纺锤状膨大。叶基生，密集，宽线形，长 30~80 cm。花葶粗壮，伸出于叶之上；蝎尾状聚伞花序具花 6~12 朵或更多；花被漏斗状，橘红色至橘黄色。蒴果椭圆形，长 2~2.5 cm。花期 5~7 月，果期 7~9 月。

东莞偶见栽培，已逸为野生。生于山地溪边湿地上。中国广泛栽培，也有分布野生。自欧洲南部经亚洲北部直到日本也有分布。

小毒。块根药用，有清热利尿、凉血、消肿等功效。花蕾为传统食用蔬菜“黄花菜”。适合布置于花坛花镜、草坪、路旁等地。

野百合 百合科，百合属

Lilium brownii F. E. Brown ex Miellez

多年生草本。鳞茎球形，径 2~4.5 cm；鳞片披针形，长 1.8~4 cm。叶散生，披针形、窄披针形或线形。花单生或几朵成近伞形；花喇叭形，有香气，乳白色，外面稍有紫色，向外张开或先端外弯。蒴果具棱。花期 5~6 月，果期 9~10 月。

东莞偶见，产于谢岗（石鼓水库、银瓶嘴至惠阳交界）。生于山坡草地上。分布于中国大部分地区。

鳞茎富含淀粉，可食；也可药用，有养阴清肺、清心安神的功效。适宜布置自然式的风景，还可将其用作盆花和插花材料。

土麦冬（山麦冬）百合科，山麦冬属

Liriope spicata (Thunb.) Lour.

多年生草本，植株有时丛生。根状茎粗短，生有许多长而细的须根，其中部膨大成连珠状或纺锤形的肉质小块根。叶丛生，革质，条形，叶柄有膜质鞘。花葶直立，总状花序顶生，具多花，淡紫或淡蓝色。浆果球形，熟时蓝黑色。花期 5~7 月，果期 8~10 月。

东莞各地常见，产于塘厦（大屏嶂林场佛坳）。生于林下。分布于中国华北以南各地。越南、日本也有分布。

块根入药，可滋阴生津、清心除烦。为优良的地被植物。

麦冬（麦门冬、沿阶草）百合科，沿阶草属

Ophiopogon japonicus (L. f.) Ker-Gawl.

多年生草本。根较粗，中间或近末端具椭圆形或纺锤形小块根。茎很短，叶基生成丛，禾叶状，少数更长些，边缘具细锯齿。花葶通常比叶短得多，总状花序顶生，具几朵至十余朵，白色或淡紫色。浆果球形，熟时蓝色。花期 5~8 月，果期 8~9 月。

产于东莞谢岗（银瓶嘴保护区）。东莞各地常见栽培，已逸为野生。生于山坡阴湿地、林下或溪边。分布于中国大部分地区。日本、越南、印度也有分布。

小块根是中药“麦冬”，有养阴生津、润肺止咳的功能。为优良的地被植物。

大盖球子草 百合科，球子草属

Peliosanthes macrostegia Hance

多年生草本。茎短，长约 1 cm。叶 2~5 片，披针状狭椭圆形，有 5~9 条主脉，叶柄长 20~30 cm。花葶直立，总状花序长 9~25 cm，花紫色。种子近圆形，种皮肉质，蓝绿色。花期 4~6 月，果期 7~9 月。

东莞偶见，产于谢岗（银瓶嘴）。生于密林中、溪边或潮湿处。分布于中国华南、西南地区及台湾、湖南。

根状茎及根入药，治咳嗽痰稠、胸痛、跌打损伤等。可庭院观赏，用作园林地被。

多花黄精 百合科，黄精属

Polygonatum cyrtonema Hua

多年生草本。根状茎肥厚，呈不规则念珠状缢缩，有时柱形。叶互生，长椭圆形、椭圆形或长圆状披针形。伞形花序腋生，花被下部合生成管状，黄绿色。浆果球形，熟时黑色，直径约 1 cm。花期 5~6 月，果期 7~9 月。

东莞偶见。生于林下、灌丛或草丛等阴湿处。分布于中国长江和珠江流域。

块茎入药，可精制成中药“黄精”，有滋润心肺、生津养胃、益精髓的功效。可生食、炖服，也可加工成罐头、饮料、果酒等。

华重楼 延龄草科，重楼属

Paris polyphylla Sm. var. chinensis (Franch.) Hara

多年生直立草本。根状茎肉质，粗厚，密生多数环节和须根。叶 5~8 片轮生，通常 7 片，倒卵状披针形、矩圆状披针形或倒披针形。花单生于叶轮中央；外轮花被片绿色；内轮花被片，长为外轮的 1/3 至近等长。蒴果紫色。花期 5~7 月，果期 8~10 月。

东莞偶见，产于东莞谢岗（银瓶嘴）、清溪林场。生于林下或沟谷边的草丛中。分布于中国华南、华东、华中和西南地区。

根状茎入药，对毒蛇咬伤、跌打损伤以及无名肿毒有特效。花、叶独特，有较高观赏价值，适合盆栽观赏。国家Ⅱ级重点保护野生植物。

菝葜 菝葜科，菝葜属

Smilax china L.

攀缘灌木。根状茎粗厚且坚硬；茎具疏刺。叶薄革质或纸质，圆形或卵形；叶柄占全长的1/3~1/2部分具鞘，有卷须。伞形花序具十几朵或更多的花，常呈球形，黄绿色；花序托膨大近球形。浆果球形，成熟时红色。花期2~5月，果期9~11月。

产于东莞大岭山（石洞景区）、樟木头（观音山）及谢岗（银瓶嘴）。生于山地、疏林中。分布于中国长江以南各省区。东南亚也有分布。

根状茎入药，有祛风活血的作用。根状茎可以提取淀粉和栲胶，或用来酿酒。

土茯苓 菝葜科，菝葜属

Smilax glabra Roxb.

攀缘灌木。根状茎粗厚，块状。地上茎与枝条光滑，无刺。叶薄革质，狭椭圆状披针形至狭卵状披针形，叶背通常绿色，有时带苍白色，有卷须。伞形花序腋生，花序托膨大；花绿白色，六棱状球形。浆果熟时紫黑色。花期 7~11 月，果期 11 月至翌年 4 月。

产于东莞樟木头（观音山）、谢岗（银瓶嘴）及白云嶂。生于山地、疏林中。分布于中国甘肃和长江流域以南各省区。印度、越南、泰国也有分布。

根状茎入药，利湿热解毒，健脾胃。可制糕点或酿酒。

牛尾菜 菝葜科，菝葜属

Smilax riparia A. DC.

多年生草质藤本。直立或稍攀缘，有根状茎。茎中空，无刺。叶形状变化较大，长卵形至矩圆形，叶背绿色，无毛，有卷须。伞形花序通常有花几十朵，花序托膨大，花黄绿色或白色。浆果直径 7~9 mm，成熟时黑色。花期 6~7 月，果期 10 月。

产于东莞谢岗（银瓶嘴）、清溪狮子山、虎门。生于林下、灌丛、山沟或山坡草丛中。分布于中国华南、华中、华东、东北地区。朝鲜、日本和菲律宾也有分布。

根状茎有止咳祛痰的作用。嫩苗可供食用。

石菖蒲 天南星科，菖蒲属

Acorus tatarinowii Schott

多年生草本。根茎芳香，外部淡褐色，肉质。叶片暗绿色，线形，中部以上平展，平行脉多数。肉穗花序圆柱状，花白色；叶状佛焰苞长 13~25 cm，为肉穗花序的 2~5 倍或更长。成熟果序长 7~8 cm，成熟时黄绿色。花期 5~6 月，果期 7~8 月。

产于东莞谢岗（白云嶂）、清溪镇（清溪林场三坑）。生于湿地或溪旁石上。分布于中国东南部至西南部各省区。印度至泰国北部也有分布。

根茎入药，有开窍清痰、化湿和中、解毒的功效。叶可作香料烹煮肉类。常栽植于溪边、石上或盆栽观赏。

南蛇棒 天南星科，磨芋属

Amorphophallus dunnii Tutcher

多年生草本。块茎扁球形，顶部扁平，密生分枝肉质根。鳞叶多数，线形，膜质，表面绿色，背面淡绿色；叶片3全裂。佛焰苞绿色、淡绿白色，长卵形或椭圆形，肉穗花序短于佛焰苞。浆果蓝色，种子黑色。花期3~4月，果期7~8月。

东莞偶见，产于谢岗（观音座莲山、银瓶嘴）。生于林下潮湿处。分布于中国广东、广西、湖南及云南。

块茎入药，有消肿散结、解毒止痛等功效。可配置于林缘路旁、花坛、花境或盆栽观赏。

石柑子 天南星科，石柑属

Pothos chinensis (Raf.) Merr.

附生藤本。匍匐于石上或缠绕于树上，长0.4~6 m。叶片纸质，椭圆形、披针状卵形至披针状长圆形，常有芒状尖头。佛焰苞卵状、绿色；肉穗花序短，椭圆形至近圆球形，淡绿色或淡黄色。浆果黄绿色至红色，卵形或长圆形。花、果期四季。

产于东莞樟木头（观音山）、清溪林场（三坑）、大岭山（石洞景区）。生于山地、山谷、林中潮湿的岩石上或树上。分布于中国西南地区及广东、广西、台湾、湖北。越南、老挝、泰国也有分布。

全株入药，有祛风除湿、活血散瘀、消积、止咳等功效，治风湿麻木、咳嗽、骨折、劳伤、小儿疳积等。

大百部（对叶百部）百部科，百部属

Stemona tuberosa Lour.

多年生攀缘草本。肉质块根纺锤状。茎具少数分枝，分枝表面具纵槽。叶常对生或轮生，纸质或薄革质，卵状披针形、卵形或宽卵形，顶端渐尖至短尖，基部心形。花单生或2~3朵排成总状花序，花被片黄绿色带紫色脉纹。蒴果倒卵形。花期4~7月，果期(5)7~8月。

东莞各地常见。生于疏林或旷野。产于中国长江流域以南各省区。中南半岛及菲律宾和印度北部也有分布。

小毒。块根入药，有润肺下气止咳、杀虫灭虱的功效。用于治疗咳嗽、肺痨；外用可杀头虱、体虱、蛲虫。

薯莨 薯蓣科，薯蓣属

Dioscorea cirrhosa Lour.

藤本。块茎形状多样。茎下部有刺，右旋。单叶，在茎下部互生，中部以上对生；叶片革质或近革质。雌雄异株，穗状花序；雌花序单生于叶腋。蒴果不反折，近三棱状扁圆形，种子四周有膜质翅。花期 4~6 月，果期 7 月至翌年 1 月。

东莞各地常见，产于谢岗（银瓶嘴保护区）、樟木头镇（金河村上南水库）、老虎岩水库、清溪狮子山。生于山地、路旁。分布于中国华南、华东、华中、西南等地区。越南也有分布。

块茎入药，有活血补血、收敛固涩的功效。也可作酿酒的原料。块茎富含单宁，可提制栲胶，或用来制染丝绸、棉布、鱼网等。

薯蓣 薯蓣科，薯蓣属

Dioscorea polystachya Turcz

缠绕草质藤本。块茎长圆柱形。茎右旋，无毛。单叶，在茎下部互生，中部以上对生，少轮生；叶腋内常有珠芽。雌雄异株；穗状花序；雄花序轴明显地呈“之”字状曲折。蒴果不反折，三棱状扁圆形或三棱状圆形。种子四周有膜质翅。花期6~9月，果期7~11月。

产于东莞大岭山（石洞景区）。生于山坡、山谷林下、溪边、路旁的灌丛中或杂草中。分布于中国除新疆、西藏以外的大部分省区。朝鲜、日本也有分布。

块茎为常用中药“淮山药”，有强壮、祛痰的功效。栽培的薯蓣为市面常见食材。

大叶仙茅 仙茅科，仙茅属

Curculigo capitulata (Lour.).O.Kuntze.

粗壮草本，高达 1 m。根状茎粗厚，块状。叶长圆状披针形或近长圆形，纸质，具折扇状脉。花葶长 (10)15~30 cm，被褐色长柔毛；总状花序缩短成头状，花黄色。浆果近球形，白色。种子黑色，表面具不规则的纵凸纹。花期 5~6 月，果期 8~9 月。

产于东莞谢岗（银瓶嘴）、清溪林场（杨桥坑）。生于海拔 850~2200 m 的林下或阴湿处。分布于中国华南、西南地区。南亚、东南亚地区也有分布。

根及根状茎入药，有润肺化痰、止咳平喘、镇静健脾、补肾固精等功效，常用于治疗肾虚喘咳、腰膝酸痛、白带、遗精等症，药效较仙茅差。园林上常作林缘路旁的地被植物。

仙茅 仙茅科，仙茅属

Curculigo orchioides Gaertn.

根状茎近圆柱状。叶线形或披针形，两面散生疏柔毛或无毛。花茎长 6~7 cm，大部分藏于鞘状叶柄基部之内，被毛；总状花序多少呈伞房状，花黄色。浆果近纺锤状，顶端有长喙。种子黑色，表面具纵凸纹。花、果期 4~9 月。

产于东莞谢岗（鹰坑、银瓶嘴、大横坑）。生于海拔 1600 m 以下的林中、草地或荒坡上。分布于中国华南、华东、华中、西南等地区。东南亚各国也有分布。

其叶似茅，根状茎久服益精补髓，增添精神，故有"仙茅"之称，通常用以治疗阳萎、遗精、腰膝酸痛或四肢麻木等。

金线兰（金线莲）兰科，开唇兰属

Anoectochilus roxburghii (Wall.) Lindl.

高 8~18 cm。茎圆柱形，肉质，具 2~4 片叶。叶卵圆形或卵形，上面暗紫色或黑紫色，具金红色带有绢毛丝光泽的美丽网脉，背面淡紫红色；叶柄基部扩大成抱茎的鞘。总状花序具 2~6 朵花；花序轴和花苞片淡红色；花瓣白色，近镰刀状。花期 8~12 月。

东莞偶见。生于林下潮湿的岩石上。分布于中国长江以南地区。东南亚各国有分布。

全草可药用与食用，有清热凉血、除湿解毒的功效，用于治疗糖尿病、肾炎、膀胱炎、肝炎、急性损伤等症。叶色鲜艳奇特，极具观赏价值。国家Ⅱ级重点保护野生植物。

竹叶兰 兰科，竹叶兰属

Arundina graminifolia (D. Don) Hochr.

高达 80 cm。地下根状茎在茎基部处呈卵球形膨大。茎常数个丛生，圆柱形，细竹秆状，为叶鞘所包。叶线状披针形，薄革质，基部具圆筒状的鞘。花粉红色或略带紫色或白色，花瓣椭圆形与萼片近等长；唇瓣近长圆状卵形。蒴果近长圆形。花、果期 9~11 月，偶见 1~4 月。

东莞偶见，产于大岭山镇（金鸡嘴水库区）。生于草地或沼地向阳处。分布于中国长江以南地区。东南亚也有分布。

根状茎或全草入药，有清热解毒、祛风除湿、止痛、利尿等功效。植株较大，生命力强，适宜用于地被、庭院或盆栽观赏。

广东石豆兰 兰科，石豆兰属

Bulbophyllum kwangtungense Schltr.

附生草本。根生于有假鳞茎的根状茎节上，假鳞茎直立，圆柱形，顶生 1 枚叶。叶革质，长圆形。花葶 1 个，总状花序缩短呈伞状；花白色至淡黄色，花瓣狭卵状披针形；唇瓣肉质，中部以下具凹槽；蕊柱齿牙齿状。花期 5~8 月。

产于东莞谢岗（银瓶嘴、南面村芒头排、观音座莲向山）。生于石头上。分布于中国华南地区及江西、湖南、湖北、浙江、云南、贵州。

假鳞茎或全草入药，有清热、滋阴、消肿的功效。用于制作民间称为“石橄榄”的汤料，常与肉类煲汤佐餐。株型美观，适宜盆栽观赏。

流苏贝母兰 兰科，贝母兰属

Coelogyne fimbriata Lindl.

根状茎较细长，匍匐。假鳞茎狭卵形至近圆柱形，顶生2枚叶。叶长圆形，纸质。花淡黄色，唇瓣上有红褐色斑纹；花瓣丝状或狭线形，唇瓣卵形，侧裂片顶端多少具流苏；中裂片边缘具流苏。蒴果倒卵形，长1.8~2 cm。花期8~10月，果期翌年4~8月。

产于东莞清溪林场（十二排石禾坪）。生于岩石或树干上。分布于中国华南地区及江西、云南、西藏。越南、老挝、柬埔寨、泰国、马来西亚和印度也有分布。

假鳞茎及叶入药，有养阴清肺、化痰止咳、平肝镇静的功效，主治肺热咳嗽、高血压、遗精等。可制作“石橄榄”汤料植物。株型美观，花形可爱，适合盆栽观赏。

橙黄玉凤花 兰科，玉凤花属

Habenaria rhodocheila Hance

地生草本，高 8~35 cm。块茎长圆形，肉质。茎粗壮，圆柱形，下部具 4~6 枚叶，向上具 1~3 片苞片状小叶。叶片线状披针形，基部抱茎。总状花序具 2~10 朵花；萼片和花瓣绿色，唇瓣橙黄色至红色；花瓣直立，匙状线形。蒴果纺锤形。花期 7~8 月，果期 9~10 月。

东莞偶见。生于溪边潮湿、多石的地上。分布于中国华南、华东地区和贵州。广泛分布于东南亚国家。

块茎入药，主治肺热咳嗽、疮疡肿毒、跌打损伤等。花形、花色独特，适合作园林观花地被、盆栽观赏。

镰翅羊耳蒜 兰科，羊耳蒜属

Liparis bootanensis Griff.

附生草本。假鳞茎卵形，密集，顶端生 1 枚叶。叶长椭圆状披针形，先端渐尖，基部收狭成柄，有关节。花葶顶生，花序柄略压扁，两侧具狭翅；总状花序具数朵至 20 余朵花，花通常黄绿色。蒴果倒卵状椭圆形。花期 8~10 月，果期翌年 3~5 月。

东莞偶见，产于谢岗（银瓶嘴）。生于阴湿石壁或林缘、林中、山谷阴处的树上。分布于中国华南、华中和西南地区。东南亚也有分布。

全草入药，治肺痨咳嗽、小儿疳积、腹泻等症。适宜点缀山石、盆栽观赏。

见血青 兰科，羊耳蒜属

Liparis nervosa (Thunb. ex A. Murray) Lindl.

地生草本。茎圆柱状，肥厚，肉质，有数节，通常包藏于叶鞘之内。叶 2~5 片，卵形至卵状椭圆形。花葶发自茎顶端，总状花序通常具数朵至 10 余朵花；花序轴幼时有很狭的翅；花紫色。蒴果倒卵状长圆形。花期 2~7 月，果期 7 月至翌年 1 月。

产于东莞谢岗（银瓶嘴保护区、石鼓水库）、清溪林场（杨桥坑、三坑）。生于林下、溪谷旁、草丛阴处或岩石覆土上。分布于中国华南、华东、西南地区和湖南。广泛分布于全世界热带、亚热带地区。

全草入药，有凉血止血、清热解毒的功效。叶色翠绿，花形花色独特，是优良的观赏植物，适宜室内盆栽观赏。

血叶兰 兰科，血叶兰属

Ludisia discolor (Ker-Gawl.) A. Rich.

地生草本。根状茎匍匐，具节；茎直立，近基部具2~4片叶。叶片卵形，肉质，上面黑绿色，具5条金红色有光泽的脉，背面淡红色；叶柄下部扩大成抱茎的鞘。总状花序顶生，花苞片带淡红色，花白色带淡红色。花期2~4月。

产于东莞谢岗（观音座莲向山、南面村芒头排）。生于林中岩石上。分布于中国华南地区及云南。东南亚也有分布。

全草可作药用，有滋阴润肺、健脾、安神等功效。叶形美观，色彩艳丽，适合室内盆栽观赏。国家Ⅱ级重点保护野生植物。

鹤顶兰 兰科，鹤顶兰属

Phaius tankervilleae (Banks ex L'Herit.) Bl.

地生草本，植物体高大。假鳞茎圆锥形，被鞘。叶 2~6 片，互生于假鳞茎的上部。花葶直立，疏生数枚大型的鳞片状鞘；总状花序具多数花；花苞片舟形，早落；花背面白色，内面暗棕色；唇瓣贴生于蕊柱基部。花期 3~6 月。

产于东莞清溪林场（三坑）。生于林缘或溪谷旁隐蔽湿润处。分布于中国华南、西南地区。广泛分布于亚洲热带和亚热带地区和大洋洲。

假鳞茎入药，有祛痰止咳、活血止血的功效，治咳嗽多痰、咳血、跌打肿痛等症。花大而艳丽，花期长，可用于园林观赏。

石仙桃 兰科，石仙桃属

Pholidota chinensis Lindl.

根状茎较粗壮，匍匐。假鳞茎狭卵状长圆形，基部收狭成柄状。叶 2 片，具 3 条较明显的脉。花葶生于幼嫩假鳞茎顶端，发出时其基部连同幼叶均为鞘所包；花序轴稍左右曲折；花白色带浅黄色。蒴果倒卵状椭圆形。花期 4~5 月，果期 9 月至翌年 1 月。

东莞偶见，产于樟木头林场九洞桥、谢岗（银瓶嘴保护区、石鼓水库、南面村芒头排、白云嶂）。生于林中或林缘树上或岩石上。分布于中国华南、西南地区。中南半岛也有分布。

全株入药，有滋阴、润肺、镇静等功效。可制作“石橄榄”汤料。株形美观，花形别致，适合作立体绿化，室内盆栽观赏。

绶草 兰科，绶草属

Spiranthes sinensis (Pers.) Ames

地生草本，高 15~30 cm。茎较短，近基部生 2~5 片叶。叶片宽线形，直立伸展，基部收狭具柄状抱茎的鞘。花葶直立，总状花序具多数密生的花，螺旋状扭转；花小，紫红色、粉红色或白色；花苞片卵状披针形，下部长于子房。花期 7~8 月。

东莞偶见，产于大岭山金鸡咀水库。生于林下潮湿沟边。分布于中国各省区。亚洲及澳大利亚也有分布。

块根或全草入药，有清热解毒、益气养阴的功效。其花序盘旋而上，有较高观赏价值。

灯心草 灯心草科，灯心草属

Juncus effuses L.

多年生草本，高 40~130 cm。茎圆筒形，具纵条纹，茎内有白色髓心。叶片退化，仅具叶鞘包围于茎的基部，茎部红褐色或黑褐色，顶端刺芒状。聚伞花序假侧生，花多而小。蒴果，长圆形。种子卵状长圆形，琥珀色，有时具尾状附属体。花期 4~7 月，果期 6~9 月。

东莞偶见，产于谢岗（鹰坑）、大岭山（茶山顶）、塘厦（大屏嶂林场五指罗）。生于水旁或湿地上。分布于中国大部分省区。全世界广泛分布。

茎髓入药，有利尿及镇静之效。其髓部可作油灯的灯芯；可用来编织工艺品。适宜作湿地地被草本。

香附子 莎草科，莎草属

Cyperus rotundus L.

多年生草本。具细长匍匐的根状茎，并具块茎，被褐色、纤维状的鳞片。茎散生，纤细，三棱形。叶多数，短于或长于茎，叶鞘红褐色，常撕裂成纤维状。总苞片叶状，穗状花序卵形或阔卵形；鳞片两侧紫红色或红棕色。小坚果长圆状倒卵形。抽穗期全年。

东莞各地常见，产于东城（大王洲）。生于耕地、空旷草地或路旁。除东北外，中国各地都有分布。广泛分布于温带和热带地区。

块茎为中药材“香附子”，有行气解郁、调经止痛的功效。

薏苡（川谷、野薏米）禾本科，薏苡属

Coix lacryma-jobi L.

多年生草本，高 1~2.5 m，多分枝。叶片线状披针形，中脉粗壮，两面无毛。总状花序由上部叶鞘内抽出，具总花梗，直立或下垂；雌小穗位于花序下部，包藏于骨质、念珠状总苞内；总苞卵形或近球形，成熟时光亮、白色、灰色或蓝紫色。颖果小，常不饱满。花、果期 6~10 月。

产于东莞塘厦（大屏嶂林场）。生于村旁、溪间或较阴湿的山谷中。分布于中国各地。南亚及东南亚也有分布。

颖果供食用或酿酒，也可入药，有利健脾渗湿、除痹止泻、清热排脓的功效。念珠状总苞有珐琅质，且色泽美观，可制作工艺品。

白茅 禾亚科，白茅属

Imperata cylindrica (L.) Raeuschel

多年生草本，高 30~80 cm。根状茎长而粗壮。叶窄线形，被有白粉，基部上面具柔毛；叶鞘聚集于秆基，甚长于其节间；叶舌膜质，紧贴其背部或鞘口具柔毛。圆锥花序稠密，基盘具丝状柔毛。颖果椭圆形。花、果期 4~8 月。

东莞各地常见。生于低山带平原河岸草地及沙质草甸、海滨。分布于中国大部分省区。非洲及东亚、南亚、东南亚、中亚、亚洲西南部、欧洲南部和澳大利亚也有分布。

根入药，有凉血止血、清热利尿的功效，主治热病烦渴、胃热呕吐、肺热咳嗽、吐血、尿血、急性肾炎水肿等症。根茎可食，处于花苞时期的花穗可鲜食。

淡竹叶 禾亚科，淡竹叶属

Lophatherum gracile Brongn.

多年生草本，高达 80 cm。根头木质，须根中部膨大呈纺锤形小块根。秆直立，具 5~6 节。叶片披针形，具横脉，有时被柔毛或疣基小刺毛，基部收窄成柄状。圆锥花序长 12~25 cm，小穗线状披针形，具极短柄。颖果长圆形。花、果期 6~10 月。

产于东莞清溪林场（杨桥坑）、大岭山、谢岗（大横坑）、樟木头（观音山）。生于路旁。分布于中国长江流域以南。东亚、南亚、东南亚、澳大利亚和太平洋群岛也有分布。

叶为清凉解热药；小块根入药，有清热除烦、利尿的功效，用于治疗热病烦渴、小便赤涩淋痛、口舌生疮等症。

金丝草 禾亚科，金发草属

Pogonatherum crinitum (Thunb.) Kunth

多年生草本，高达 30 cm。秆丛生，具纵条纹，常 3~7 节，节上被白色髯毛。叶片线形，扁平，顶端渐尖，两面均被微毛。穗形总状花序单生于秆顶，乳黄色。有柄小穗与无柄小穗同形同性，但较小。颖果卵状长圆形。花、果期 5~9 月。

东莞各地常见。生于田边、路旁、河边、石缝。分布于中国长江以南各省区。南亚、东南亚及澳大利亚、日本也有分布。

全株入药，有清凉散热、解毒、利尿通淋的功效。为优良牧草。植株可制作扫把，也是加工草制品主要的原料之一。

中文名称索引
（按拼音字母排列）

学名索引

后　记

“绿美东莞·品质林业”是东莞林业系统按照广东省委、东莞市委绿美生态建设部署，在东莞长期坚持的城市定位引领下，结合新时代、新形势、新要求，明确当前及今后一个时期的战略任务和价值追求。未来一段时期，东莞市林业局将以绿美生态建设为牵引，不断提升林业系统各项工作品质，为培育千万人口绿美生态家园意识做出林业贡献，为东莞经济社会发展提供高质量林业保障。

按照“一年开局起步、三年初见成效、五年显著变化、十年根本改变”的工作要求，东莞市林业局以提升全社会林业科学素养为小切口，结合东莞生物多样性的绿色本底，组织编印“绿美东莞·品质林业”系列书籍，普及林业科学及绿美东莞生态建设知识，希望系列书籍能为绿美东莞生态建设提供科学支撑，也为更好地动员社会力量参与绿美生态建设营造出浓厚氛围。

编　者

2024 年 1 月